ÉCHINIDES

FOSSILES DE L'ALGÉRIE

DESCRIPTION

DES ESPECES DÉJA RECUEILLIES DANS CE PAYS
ET CONSIDÉRATIONS SUR LEUR POSITION
STRATIGRAPHIQUE

PAR

MM. COTTEAU, PERON & GAUTHIER

TERRAINS SECONDAIRES

TOME II

ÉTAGES TURONIEN ET SÉNONIEN

AVEC VINGT-HUIT PLANCHES

PARIS

G. MASSON, ÉDITEUR

LIBRAIRE DE L'ACADÉMIE DE MÉDECINE

120, Boulevard Saint-Germain en face l'École de Médecine.

1880-1884

ÉCHINIDES

FOSSILES DE L'ALGÉRIE

ÉCHINIDES
FOSSILES DE L'ALGÉRIE

DESCRIPTION
DES ESPÈCES DÉJA RECUEILLIES DANS CE PAYS
ET CONSIDÉRATIONS SUR LEUR POSITION
STRATIGRAPHIQUE

PAR

MM. COTTEAU, PERON & GAUTHIER

TERRAINS SECONDAIRES

TOME II

ÉTAGES TURONIEN ET SÉNONIEN

AVEC VINGT-HUIT PLANCHES

PARIS
G. MASSON, ÉDITEUR
LIBRAIRE DE L'ACADÉMIE DE MÉDECINE
120, Boulevard Saint-Germain, en face l'École de Médecine.

1880-1884

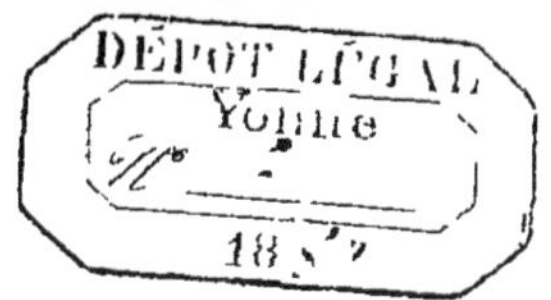

ÉCHINIDES

FOSSILES DE L'ALGÉRIE

DESCRIPTION

DES ESPÈCES DÉJA RECUEILLIES DANS CE PAYS
ET CONSIDÉRATIONS SUR LEUR POSITION
STRATIGRAPHIQUE

PAR

MM. COTTEAU, PERON & GAUTHIER

SIXIÈME FASCICULE

ÉTAGE TURONIEN

AVEC HUIT PLANCHES

PARIS
G. MASSON, ÉDITEUR
LIBRAIRE DE L'ACADÉMIE DE MÉDECINE
Boulevard Saint-Germain, en face l'École de Médecine

1879

ÉCHINIDES FOSSILES DE L'ALGÉRIE

DESCRIPTION DES ESPÈCES DÉJA RECUEILLIES DANS CE PAYS ET CONSIDÉRATIONS SUR LEUR POSITION STRATIGRAPHIQUE

PAR

MM. COTTEAU, PERON et GAUTHIER.

SIXIÈME FASCICULE

—

ÉTAGE TURONIEN

L'étage turonien est un de ceux dont l'existence en Algérie a été signalée dès les premiers temps de l'occupation. La présence, en effet, de quelques rudistes dans les couches du rocher de Constantine ou des environs de Batna a immédiatement frappé les premiers explorateurs et les a conduits à rapporter à l'étage de la craie tuffeau une grande partie des terrains qui forment ces régions.

De cette constatation déjà ancienne il ne résulte pas cependant que les couches de cette époque soient bien connues et bien définies. Par une tendance assez explicable, quelques géologues, heureux d'avoir rencontré ce point de repère au milieu de tous ces fossiles nouveaux et de tous ces terrains d'aspect assez uniforme qui bordent la grande voie d'exploration de Constantine à Biskra, en vinrent à ne plus voir un peu partout que de la craie tuffeau.

D'autres explorateurs, au contraire, ayant reconnu ou cru reconnaître la *Caprotina ammonia* dans les mêmes couches ou dans des couches voisines, ont rapporté tout cet ensemble à la formation néocomienne.

Il serait tout-à-fait oiseux de signaler ici et de relever des erreurs qui s'expliquent si facilement par la rapidité de ces premières explorations, forcément très superficielles, et par l'insuffisance des méthodes paléontologiques à ces époques déjà reculées ; mais il est indispensable d'en tenir compte pour s'expliquer comment certaines confusions d'étages se sont perpétuées pour ainsi dire jusqu'à ce jour, et comment, encore actuellement, les avis des géologues sont si divergents en ce qui concerne le terrain turonien de l'Algérie.

Les environs de Constantine, de Batna, d'El Kantara, etc. sont, comme nous l'avons dit, les premières localités qui aient été signalées comme présentant le terrain turonien.

Parlant de Constantine, Renou (1), membre de la commission d'exploration scientifique de l'Algérie, fait connaître que cette ville est bâtie sur un rocher qui offre une série de couches épaisses d'un calcaire compacte, noir ou gris, à grain très fin, très homogène, presque entièrement dépourvu de fossiles. Cependant, vers la partie supérieure du système, on en trouve quelques-uns, parmi lesquels des Hippurites et la *Chama ammonia*. Les couches fossilifères se voient en face de la ville, au nord-est, de l'autre côté de Rummel. Elles se prolongent depuis le sommet de Sidi Mcid jusqu'au pont. On trouve encore quelques fossiles en amont du pont, sur la rive droite. Les couches se composent sur ce point d'un calcaire très fin qui ne contient que la *Chama ammonia*, recouvert par un calcaire grenu et par quelques petites couches feuilletées contenant des huitres, des peignes, *Catillus*, inocerames de plusieurs dimensions, oursins et fragments de végétaux.

Dans le petit ruisseau qui se jette dans le Rummel, près du pont, on voit un calcaire un peu décomposé rempli de valves supérieures d'Hippurites, accompagnées de polypiers et autres fossiles.

Le calcaire à Hippurites de Constantine, dit encore Renou, se retrouve tout autour de la ville. Il est remarquablement développé à la montagne de Chettaba, située à 10 kilomètres à l'ouest,

(1) Renou, *Exploration scientifique de l'Algérie* faite en 1840-1842 Paris, 1848.

et haute de 1,322 mètres. Renou y a trouvé des échantillons bien conservés de *Spatangus coranguinum.*

Enfin, selon le même auteur, les mêmes couches à Hippurites se retrouvent au djebel Sidi-Rgheïss. mais les Hippurites y sont différentes de celles de Constantine et on y rencontre aussi de nombreux polypiers.

M. Delamarre, alors commandant d'artillerie et l'un des collaborateurs de Renou dans la commission scientifique, a recueilli, pendant la première expédition de Biskra, dans les montagnes des Ouled-Soltan, de nombreux fossiles parmi lesquels la *Trigonia scabra*, la *Pecten quinque costatus*, etc. Renou a pensé, d'après ces fossiles et d'après les explications de M. Delamarre, que toute la chaîne, y compris l'Aurès, devait appartenir au grès vert ou à la craie tuffeau.

Les explorations de Henri Fournel (1) n'ont pas ajouté beaucoup à la connaissance des terrains à Hippurites et en particulier du rocher de Constantine. N'ayant pas trouvé de fossiles, pas plus que M. Boblaye, son prédécesseur dans ces régions, Fournel se borne à une très belle description physique et pétrographique du rocher et ne se prononce pas sur l'âge de ce puissant dépôt.

Les recherches de ce savant dans le sud de la province ont été beaucoup plus fructueuses au point de vue paléontologique. Dans les environs de Batna, Fournel mentionne au nord une couche remplie de *Caprina ammonia*, puis au sud-sud-est un mamelon avec *Cyphosoma Delamarrei*, *Hemiaster Fourneli* et *Pecten Leymeriei*, d'où il conclut que les couches de cette localité appartiennent à l'étage néocomien.

Plus au sud encore, vers le bivouac de Mezab-el Messai, Fournel a encore recueilli de nombreux fossiles, et l'étude de ces fossiles l'a amené à voir dans cette localité la craie chloritée et la craie tuffeau, et avec doute la craie supérieure.

Les nombreux matériaux récoltés dans ces excursions par Fournel ont été, comme on le sait, examinés et décrits avec

(1) Henri Fournel, *Richesse minérale de l'Algérie*, explorations de 1843 à 1846, Paris, 1849

un soin extrême par M. Bayle, et le remarquable travail paléontologique de ce savant constitue encore un modèle d'analyse et de déductions scientifiques (1).

Parmi ces fossiles, dont beaucoup malheureusement n'étaient qu'à l'état de moules intérieurs, M. Bayle détermina les suivants :

Voluta Guerangeri.
Pterocera inflata.
— *elongata.*
Ostrea flabellata.
— *biauriculata.*
Spondylus histrya.
Arca ligeriensis.
Trigonia scabra.
Inoceramus Cripsii.
— *striatus*
— *Brongniarti.*

Ces espèces étant en France, d'après M. Bayle (2), caractéristiques de la craie chloritée, on doit rapporter à cette même époque les couches de Mezab-el-Messaï, et par suite toutes les espèces nouvelles qu'elles renferment, dont les plus répandues et les plus importantes sont :

Ammonites Fourneli, Bayle (*Ceratites Fourneli*, Coq.).
Nerinea pustulifera, Bayle.
Natica Fourneli, B. (*Ostostoma Fourneli*, Coq.).
Ostrea dichotoma, Bayle.
Ostrea elegans, Bayle (*O. Nicaisei*, Coq.).
Cyphosoma Delamarrei, Bayle.
Holectypus serialis, Bayle.
Hemiaster Fourneli, Bayle.
Hemipneustes africanus, Bayle.

Ces conclusions, qui ont été adoptées et développées par

(1) Note A. annexée à la *Richesse minérale de l'Algérie*, p. 360.
(2) *Op. C.*, p 377.

Fournel (1), donnent lieu, quelque judicieuses qu'elles soient, à certaines critiques importantes, et M. Coquand, dès 1862 (2), en a démontré l'inexactitude. C'est qu'en effet, tous ces fossiles cités ci-dessus ne se trouvent pas précisément dans les mêmes couches, et, sous ce rapport, les renseignements fournis par Fournel n'étaient pas suffisamment précis.

En outre, plusieurs des déterminations attribuées aux fossiles recueillis et considérés comme caractérisant la craie tuffeau n'ont pas été acceptées. C'est ainsi que la *Voluta Guerangeri* est devenue la *V. Baylei;* que le *Pterocera inflata* a été changé en *Pterodonta subinflata*, l'*Ostrea biauriculala* en *Ostrea hippopodium*, et l'*Ostrea flabellata* en *O. Matheroni*, d'Orb., espèce dont M. Bayle n'acceptait pas la distinction et qu'il réunit à la première.

Il convient d'ailleurs, après avoir rappelé les critiques auxquelles a donné lieu le travail de M. Bayle, de faire remarquer que ce savant, par suite de la présence de l'*Ostrea vesicularis* parmi les fossiles recueillis, et aussi de cette variété d'*O. flabellata* qu'il reconnaît comme représentant le type *O. Matheroni*, de d'Orbigny, admet que les couches qui contiennent ces fossiles peuvent constituer un horizon identique à celui de Saintes et de Royan, lequel est, d'après M. Bayle, la partie supérieure de la craie chloritée, c'est-à-dire la craie tuffeau. Toutefois, M. Bayle pense qu'on ne peut considérer cette conclusion comme absolue, en raison du trop petit nombre de faits sur lesquels elle s'appuie.

Nous aurons l'occasion, dans nos fascicules ultérieurs, de montrer que cette conclusion nous paraît fondée et qu'elle doit être adoptée en ce qui concerne la plus grande partie des couches de la région, c'est-à-dire que ces couches sont l'équivalent de la craie de Saintes et de Royan ; mais, à l'exemple de d'Orbigny, de M. Coquand et de la plupart des géologues, nous considérons cette craie comme représentant, non la craie turonienne, mais plusieurs termes de la série de la craie sénonienne.

Après Fournel, la région comprise au sud de Constantine a

(1) *Op C*, p. 303.

(2) Coq., *Géol. et Paléont de la region sud de la province de Constantine* p. 100.

encore été explorée par M. l'ingénieur des mines Dubocq (1). Toutefois, le mémoire de ce savant, consacré plus spécialement à l'étude des forages artésiens du Sahara, ne donne que peu de détails sur la région des hauts plateaux qui nous intéresse plus spécialement en ce moment. En outre, quelques conclusions un peu hâtives ne peuvent être acceptées. Ainsi, les environs de Batna sont considérés comme appartenant à la formation néocomienne, parce qu'on y a trouvé l'*Hemiaster Fourneli*, l'*Exogyra virgula*, la *Caprotina ammonia*, etc. Le néocomien est représenté au nord-ouest de Batna, cela n'est pas douteux et nous l'avons nous-même démontré (2), mais il n'en résulte aucunement que les couches à *Hemiaster Fourneli* soient de même âge.

M. Dubocq donne encore quelques renseignements sur la contrée au sud de Batna et notamment sur la plaine du Ksour, où il reconnaît l'existence de la craie chloritée, d'après les nombreux fossiles qu'on y trouve et notamment d'après l'*Arca ligeriensis*, l'*Ammonites Syriacus*, etc.

L'*Arca ligeriensis* est déterminé d'après un moule intérieur assez abondant dans la localité et fort voisin, en effet, de celui qu'on trouve dans la Touraine; mais, néanmoins, l'identité des espèces n'est pas suffisamment démontrée; quant à l'*Ammonites Syriacus (Ceratites Syriacus*, d'Orb.), cette espèce a été créée par de Buch, sur un fossile du Mont Liban, et il est évident que le *Ceratites* que M. Dubocq attribue à cette espèce n'est autre que le *Ceratites Fourneli*, très abondant dans la région du Ksour.

Pour trouver des renseignements précis et détaillés sur la formation turonienne en Algérie, il faut arriver au grand Mémoire que M. Coquand a publié, en 1862, sur la géologie de la partie sud de la province de Constantine. Là, pour la première fois, des faits précis, des successions réelles de couches, des rapports de parallélisme et de superposition sont indiqués. Dès ce moment nous sortons des données vagues et des faits généraux déduits prématurément de la détermination souvent incertaine de fossiles

(1) Mémoire sur la *Constitution géologique du Ziban et de l'Ouad Rir*. Paris, 1852.
(2) *Échinides fossiles de l'Algérie*, 2e fascicule, p. 34 et suiv.

recueillis au hasard des excursions. Ce beau Mémoire, fruit de longues recherches rendues très productives par la grande expérience et la compétence toute particulière du savant professeur en matière de terrains crétacés, doit certainement servir de point de départ à tout travail sur la craie d'Algérie. Nous n'en donnerons ici aucun résumé, nous réservant de faire connaître en leur lieu les détails afférents à chaque localité, et nous indiquerons en même temps les quelques points sur lesquels nos observations ne se sont pas trouvées en complet accord avec celles de M. Coquand. Ces divergences, d'ailleurs, ont été en grande partie signalées par nous dans notre fascicule précédent. et nous avons eu même temps à faire connaître que depuis longtemps ces divergences avaient pris fin et qu'un accord à peu près complet s'était établi entre M. Coquand et nous sur toutes les questions. Pour le moment, il nous suffit de rappeler que dans les environs de Tebessa, Batna, etc., M. Coquand a reconnu des terrains de l'époque turonienne comprenant des couches avec *Radiolites cornupastoris* qui représentent son étage angoumien, une zone qui lui a paru correspondre à son étage mornasien, et enfin des calcaires avec *Hippurites cornuvaccinum*, représentant l'étage provencien. Cette succession a été admise par M. Coquand, même dans le rocher de Constantine, dont la base serait formée par des calcaires carentoniens à *Caprina adversa*, et le reste par des calcaires à rudistes représentant les divers sous-étages du turonien.

A partir de la publication du Mémoire de M. Coquand, des progrès sérieux ont encore été faits dans la connaissance de la craie moyenne d'Algérie. Les plus considérables sont dus à M. Brossard (1), qui, dans un Mémoire important sur le sud de la subdivision de Sétif, a rétabli sur quelques points l'ordre interverti dans les couches, et replacé au-dessus des calcaires à *Hippurites* certaines zones fossilifères qu'on avait à tort placées au-dessous. D'après ce géologue, l'étage turonien, puissant d'une centaine de mètres, ne comprendrait plus que des masses cal-

(1) *Mém. de la Soc. géol. de France*, 2e série, t. VIII, Mém. n° 2. *Essai sur la Constitution géol. de la partie mérid. de la subdivision de Sétif.*

caires généralement pauvres en fossiles et ne montrant que par places quelques espèces de rudistes.

M. Hardoin (1), qui était chargé d'exécuter dans la subdivision de Constantine le travail que M. Brossard exécutait simultanément dans celle de Sétif, est arrivé à des résultats sensiblement divergents. Sa classification, un peu confuse, place dans l'étage cénomanien les couches à *Hemiaster Fourneli*, *Holectypus serialis*, etc., que son collègue a mis dans la craie supérieure, et que M. Coquand et ses devanciers avaient mis dans l'étage turonien. Ce dernier terrain, pour M. Hardoin, n'a que quelques mètres d'épaisseur, et il ne figure même pas sur sa carte géologique de la subdivision de Constantine. Il est, dit-il, très difficile à distinguer de la formation inférieure, à moins d'y trouver ses fossiles habituels, dont la présence n'a été constatée que sur la rive droite du ravin de Constantine, au Nif-en-Cer, au Djebel Alloula et à Tebessa. Ce sont seulement les *Hippurites cornuvaccinum* et les *Sphærulites Desmoulinsi*. Nous sommes loin, d'après cela, des 200 mètres de calcaire du ravin du Rummel, qui sont attribués en grande partie à l'étage turonien.

En 1866, l'un de nous (2) a fait connaître la composition du terrain turonien dans la région du Tell, et notamment dans la région d'Aumale, où il diffère beaucoup de celui du sud de la province. Nous reviendrons plus loin sur cette description.

Dans son voyage d'exploration du bassin de Hodna, en 1868 (3), Ville n'a rien ajouté aux connaissances déjà acquises sur la question qui nous occupe. Il mentionne la présence déjà signalée du *Radiolites cornupastoris* à Batna, mais il met au même niveau l'*Holectypus serialis*, qui lui est supérieur, et le *Pseudodiadema Batnensis (Heterodiadema Libycum)*, qui lui est inférieur.

Toutefois, Ville établit une différence entre ces couches et celles d'Ain-Touta, qui renferment également l'*Hemiaster Four-*

(1) *Bul. Soc. géol.* 1867, t. XXV, 2e série, p. 328.

(2) Peron, *Notice sur la géologie des environs d'Aumale*. *Bul. Soc. géol.*, t. XXIII, p. 686.

(3) Ville, *Voyage d'exploration dans les bassins du Hodna et du Sahara*, Paris, 1878, p. 88 et suiv.

neli, mais qui lui paraissent appartenir à la craie supérieure et non à la craie chloritée ou à la craie tuffeau, comme l'ont pensé ses devanciers.

En ce qui concerne le rocher de Constantine, Ville lui attribue l'âge de la craie chloritée. Il y a découvert l'*Inoceramus cuneiformis*, puis des fragments de radiolites finement striés et le *Sphærulites Sauvagesi*.

En 1870, dans son *Catalogue des fossiles de la province d'Alger*, M. Nicaise (1) donne un aperçu sur le terrain turonien dans cette province. Adoptant les subdivisions établies par M. Coquand, il signale d'abord l'étage mornasien, qu'il ne peut distinguer du carentonien. Les fossiles qu'il indique comme appartenant à cet étage sont naturellement ceux que M. Coquand a signalés comme caractéristiques de son mornasien, c'est-à-dire *Ceratites Fourneli*, *Otostoma Fourneli*, *Periaster Fourneli*, *Holectypus serialis*, etc., et toute cette faune bien connue de Mezab-el-Messaï et autres lieux, qui, comme nous l'avons dit, doit être transportée dans l'étage santonien.

En ce qui concerne l'étage provencien, les vues de M. Nicaise sont beaucoup plus conformes aux nôtres, et la description qu'il donne des couches de cet étage, dans le massif du Djebel Aïa et les rives de l'Oued-Ben-Alia, nous rappelle exactement ce que nous avons observé nous-même dans le voisinage de ces mêmes régions. L'étage provencien n'y comprend que des masses calcaires très peu fossilifères, qui ne contiennent guère qu'une petite huitre dont M. Coquand a fait l'*Ostrea Biskarensis*.

M. Nicaise mentionne cependant encore de gros *Strombus Mermeti*, des *Caprina Matheroni* et des *Radiolites socialis*. Nous ferons remarquer ici, dès maintenant, que ce groupe de couches dont M. Nicaise fait l'étage provencien, représente pour nous l'étage turonien tout entier. Celles dont il a fait son étage mornasien doivent en être exclues, comme nous l'avons dit, et quant à l'étage angoumien, M. Nicaise n'a pu constater son existence.

Les divers travaux de M. Pomel sur la géologie de l'Algérie

(1) Nicaise, *Catalogue des Animaux fossiles de la province d'Alger*, Alger, 1870, p. 20 et suiv.

nous fournissent peu de renseignements en ce qui concerne la craie de Touraine. Dans le Tell occidental, d'après ce savant (1), cette craie ne se montrerait que dans le massif de Milianah, où sa présence paraît probable, parce qu'on y observe des bancs gréseux assez puissants, superposés à des couches contenant l'*Ostrea flabellata* et l'*O. columba*. Un fait digne d'être noté, selon M. Pomel, c'est l'extrême rareté des rudistes dans ces couches. Nulle part ailleurs, dans l'Algérie occidentale, M. Pomel n'a vu aucune trace du terrain crétacé supérieur.

Dans son Mémoire sur le Sahara (2), sur lequel nous aurons occasion de revenir plus loin, le même savant indique la présence, sur de larges espaces de la craie moyenne, craie chloritée et craie tuffeau, dans la partie septentrionale du grand désert, et en particulier dans le Mzab, dans les environs de Metlili, de Goléah, de Ghadamès, etc.

En résumé, du petit historique que nous venons de donner sur la question de la craie de Touraine en Algérie, il résulte que, quoique ce terrain ait donné lieu depuis fort longtemps à des recherches et à des publications, il est encore très imparfaitement connu.

Nous ne prétendons certes pas combler ici complétement toutes les lacunes, ni résoudre toutes les difficultés que comporte encore l'étude de l'étage turonien d'Algérie. Notre espoir est seulement de préciser un certain nombre de points qui nous paraissent acquis à la science, de rétablir la succession des couches, telle qu'elle résulte de nos observations, et de faire connaître enfin l'extension géographique de ce terrain et le rôle important qu'il joue dans le nord de l'Afrique. Les bancs à Hippurites du midi de la France et l'ensemble des couches dont les géologues faisaient le sous-étage turonien supérieur, sont en ce moment l'objet de vives discussions, et une évolution, à laquelle l'un de nous aura largement contribué, nous paraît devoir se produire, en vertu de laquelle ces mêmes couches seront considérées comme un des types de la craie blanche inférieure; mais nous éviterons ici

(1) Pomel, *Le Massif de Milianah*, p. 28

(2) Pomel, *le Sahara*, Alger, 1872, p. 60 et suiv.

d'entrer dans ces discussions, d'ordre trop spéculatif, et nous nous bornerons à la tâche, déjà bien lourde, que nous nous sommes imposée, c'est-à-dire à une description pure et simple des lieux et des faits observés en Algérie.

Avant d'entrer cependant dans le détail de nos descriptions, et pour tirer le plus d'enseignements possibles du petit historique que nous avons résumé, il nous paraît utile d'indiquer comment, à notre tour, nous comprenons l'étage turonien, et quelles sont les assises qui, pour nous, doivent le composer.

Il résulte manifestement de tous les travaux de nos devanciers que, partout où des rudistes n'ont pas été rencontrés, il y a eu erreur ou au moins incertitude dans la classification des couches turoniennes. On a compris dans cet étage, tantôt des couches bien inférieures, qui doivent être attribuées au cénomanien, tantôt des zones supérieures, qui appartiennent à la craie blanche.

Nous avons déjà, dans nos fascicules antérieurs, démontré l'évidence de quelques-unes de ces erreurs, et nous achèverons ces démonstrations à mesure que nous traiterons des étages intéressés. Si, à présent, nous maintenions l'étage turonien tel qu'il resterait après en avoir élagué les dépendances qu'on lui a improprement attribuées, il ne resterait à examiner qu'un massif calcaire présentant, de loin en loin, quelques rudistes, et nous n'aurions en particulier que quelques rares oursins à mentionner dans ce fascicule.

Mais ce n'est pas tout-à-fait ainsi que nous avons délimité notre étage. Nous inspirant des observations faites dans le midi de la France, et principalement dans la Provence, où la succession des assises de la craie moyenne montre la plus grande somme d'analogies avec celle de la craie d'Algérie, nous avons recherché quelles étaient la nature et la faune des couches immédiatement inférieures aux bancs à Hippurites, c'est-à-dire de ces couches qui ont été reconnues être, dans la Provence, le véritable équivalent de la craie de Touraine, spécialement des couches de Bourré, de Bousse, etc., de l'étage ligérien de M. Coquand, et de la zone à *Inoceramus labiatus* du bassin parisien.

Nos recherches à ce sujet n'ont pas été infructueuses. Nous avons isolé soigneusement les fossiles qui, à Batna, habitent les bancs immédiatement subordonnés aux calcaires à Hippurites du Moulin-à-Vent, et nous avons pu remarquer que cette faune était toute différente de celle des couches cénomaniennes qui gisent au-dessous. Toutes les espèces caractéristiques de ce dernier horizon, comme les *Ostrea africana, O. Olisoponensis*, l'*Heterodiadema Libycum*, etc., ont complétement disparu pour faire place à des types nouveaux, parmi lesquels il faut citer surtout les *Cyphosoma*, qui apparaissent pour la première fois en Algérie.

Avec les espèces nouvelles, qui forment la plus grande partie de cette petite faune, nous avons aussi découvert quelques espèces bien caractéristiques de l'étage ligérien, notamment l'*Hemiaster Verneuilli (Linthia Verneuilli)* et le *Periaster oblongus (Linthia oblonga)*.

La présence de ces fossiles, dont l'identité ne nous paraît pas douteuse, réunie à l'évidente analogie de la position stratigraphique, nous a paru très suffisante pour paralléliser les couches en question, de Batna et d'autres localités, avec les calcaires marneux du Revest et du vallon des Jeannots, près de la Bedoule, et pour en faire l'étage ligérien d'Algérie, c'est-à-dire le véritable turonien.

Dans le présent fascicule, nous comprendrons donc la description de tous les oursins de cet intéressant niveau, qui, jusqu'à ce jour, a été confondu dans les couches cénomaniennes; puis nous y joindrons les rares espèces qui ont pu être recueillies dans les couches supérieures, c'est-à-dire dans les calcaires à rudistes.

Comme on le verra toutefois, nos descriptions contiennent encore un assez grand nombre d'oursins, qui pourraient bien ne pas tous provenir exclusivement des deux horizons dont nous venons de parler. Ces oursins, qui ont été recueillis, soit à Tebessa, soit à Krenchela ou dans l'Aurès, par divers explorateurs, nous ont été donnés ou communiqués avec l'étiquette « étage turonien. » Il est possible, et il nous paraît même probable, qu'une partie de ces espèces nouvelles appartiennent à des couches

supérieures aux calcaires à Hippurites, c'est-à-dire à notre étage santonien. La classification adoptée par quelques-uns de nos correspondants paraît, en effet, se rapprocher de celle de M. Coquand ou de celle de M. Fournel, et la riche zone de l'*Hemiaster Fourneli* paraît être comprise parfois dans le turonien. Quoiqu'il en soit, dans l'impossibilité où nous sommes actuellement de contrôler ces indications, et en l'absence de coupes et de renseignements précis sur les gisements, nous conserverons à ces quelques espèces la place qui leur a été attribuée par nos correspondants dans l'étage turonien.

RÉGIONS DU TELL ET DES HAUTS-PLATEAUX.

Les roches de l'étage turonien sont très inégalement réparties en Algérie. Dans tout l'ouest de notre colonie elles n'existent pas, non plus que dans le nord et dans les grandes montagnes du littoral, où leur présence n'a pas encore été signalée d'une manière positive, du moins à notre connaissance. Peut-être cependant le doute existe-t-il pour certaines montagnes de la province d'Alger et de la Kabylie. Dans sa *Notice minéralogique sur les provinces d'Alger et d'Oran*, Ville a, en effet (1), indiqué la présence d'une Hippurite près de Mouzaïa-les-Mines. D'autre part, M. Paul Marès (2), dans une petite Note en réponse à un Mémoire que nous avons publié sur la constitution géologique de la grande Kabylie (3), nous a fait connaître qu'il avait aperçu dans le Djurjura, sur le sommet de Lella-Kedidja, à 2,318 mètres d'altitude, des calcaires à Bélemnites qu'il considère comme crétacés, et, en outre, il a recueilli, dans les cailloux roulés d'un torrent qui descend des hautes cimes d'Ifril-Netazerot et du Tamegout-Heidzer, une Ammonite qui, bien qu'en mauvais état, lui a paru être l'*Ammonites Fourneli (Ceratites Fourneli*, Coq.).

(1) Ville, *Not. minér.*, p. 143.
(2) Marès, *Bul. Soc. géol.*, t. XXV, p. 135.
(3) Peron, *Bul. Soc. géol.*, t. XXIV, p. 627.

Ce dernier fait, s'il était confirmé, tendrait à faire admettre la présence du turonien dans le Djurjura, car le *Ceratites Fourneli* est en général situé peu au-dessus des calcaires à rudistes, s'il ne se trouve pas même déjà dans ces bancs. Mais nous devons craindre que la détermination du fossile de M. Marès ne soit un peu douteuse. Les terrains crétacés du Tell que nous avons pu étudier sur le versant sud du Djurjura n'ont plus du tout le faciès de ceux de l'Algérie méridionale. On y trouve, en effet, des Bélemnites, fossile qu'on ne rencontre pas dans le sud, mais jamais on n'y a aperçu, ni le *Ceratites Fourneli*, ni aucun des innombrables fossiles qui accompagnent ce céphalopode.

Dans cette même région du Djurjura, Ville (1) admet également l'existence du terrain crétacé, d'après des Bélemnites qu'il a recueillies au pied occidental du Tamgout, mais sans préciser l'horizon auquel elles peuvent appartenir.

Enfin, dans les environs de Milianah, comme nous l'avons dit plus haut, M. Pomel attribue à l'étage de la craie tuffeau d'épaisses assises sans fossiles qu'il a observées, mais nulle autre part dans l'ouest de l'Algérie il n'a reconnu la présence de la craie supérieure.

Tels sont les seuls indices que nous possédions sur l'existence de l'étage qui nous occupe dans les grandes montagnes du littoral. Un peu plus au sud, les roches turoniennes se montrent de loin en loin sur une bande parallèle au rivage, dont les principaux jalons sont marqués par le rocher de Constantine, le Chettabah, les portes de fer, Aumale, Boghar, etc. Dans toute cette région, le terrain turonien ne nous a pas fourni d'oursins, si ce n'est, aux environs d'Aumale, quelques *Hemiaster* peu déterminables. Il est, d'ailleurs, très pauvre en fossiles de toutes sortes, et nous nous contenterons, en conséquence, de résumer ici queqlues renseignements stratigraphiques qui peuvent être d'une certaine utilité.

Le rocher de Constantine est, comme l'a démontré M. Coquand, un des types du turonien d'Algérie. C'est, comme on le sait, un

(1) Ville. *Bul. Soc. géol.*, t. XXV. p. 251.

énorme massif calcaire coupé et isolé par des failles, au milieu duquel, dans un ravin profond de 200 mètres, court la rivière appelée l'Oued-Rummel. Ces couches, fort peu visibles, parce que les parois du rocher, partout taillées à pic, forment de gigantesques abruptes, sont mal disposées pour l'étude. C'est en vain que nous y avons recherché les fossiles signalés par M. Coquand auprès des cascades, notamment la *Caprina adversa*, qu'il avait laissée en place. Néanmoins, nous sommes très disposés à admettre la succession d'horizons indiquée par M. Coquand, qui considère le rocher comme formé par du carentonien à la base, de l'angoumien au milieu, et du provencien à Hippurites à la partie supérieure.

Ainsi qu'il a été dit plus haut, les fossiles sont très rares dans ce massif. C'est en vain que nous en avons cherché, et cependant l'ouverture du tunnel du chemin de fer à travers le Djebel Mçid nous a fourni une bonne occasion d'etudier les couches. Dans les déblais puissants de ce tunnel, nous n'avons trouvé que des traces de Pecten et des fragments indéterminables d'Inocerames. La roche, presque massive, est un calcaire foncé, noirâtre, compacte, à grain très fin, et répandant sous le choc une odeur fétide.

Les bancs exploités comme pierres de construction appartiennent aux niveaux supérieurs. Ville (1) y a trouvé des enduits minces de bitume, et Renou y a signalé des rognons de silex. On y a trouvé des restes de poissons et, sur certains points, des valves isolées d'Hippurites et de Sphærulites. Parmi les rudistes, on a signalé l'*Hippurites cornuvaccinum* et le *Sphærulites Sauvagesi*. Nous n'avons pu examiner ces fossiles. Enfin, dans les carrières qui longent le ravin du cimetière juif, Ville a signalé des articles et des test d'oursins qui dessinent leur tranche sur celles des couches, mais qu'il est impossible de détacher.

Les faits relatés ci-dessus seraient déjà à peu près suffisants pour établir l'âge du rocher de Constantine, mais il convient encore de faire remarquer dès maintenant que, dans les couches superposées à ce rocher, MM. Mævus et Coquand ont rencontré la

(1) Ville, *Voyage d'Exploration dans le bassin du Hodna*, p. 89 et suiv.

Janira quadricostata et le *Micraster brevis*, ce qui complète l'analogie avec la série des horizons de la Charente et permet de préciser le parallélisme.

Le Djebel Chettabah, montagne située à 12 kilomètres à l'ouest de Constantine, reproduit les couches du rocher dans une disposition beaucoup plus favorable à l'observation. Cette montagne, déjà visitée, comme nous l'avons dit, par Renou, a été étudiée plus en détail par M. Coquand, qui en a donné la coupe dans son mémoire (1).

Les couches les plus basses sont celles qui forment le Djebel Karkar, et M. Coquand pense qu'elles représentent son carentonien ; au-dessus viennent des calcaires avec *Radiolites lumbricalis*, mais ce fossile y est rare, puis des marnes calcaires qui forment une vaste dépression au milieu de la montagne et occupent, selon l'auteur, la place des grès d'Uchaux, mais sans fossiles, puis des calcaires en bancs épais avec *Sphærulites Sauvagesi* et silex noirâtres, qui représentent le provencien, et enfin, au-dessus, des calcaires grisâtres marneux avec *Micraster brevis*, *Ostrea proboscidea*, *O. Santonensis*, etc.

Faisons remarquer ici, quoique ce dernier horizon appartienne à la craie supérieure, qui nous occupera dans notre prochain fascicule, que l'oursin ci-dessus mentionné au Chettabah par M. Coquand a déjà été signalé dans cette même localité par d'autres auteurs. Renou, qui le rapporte au *M. coranguinum*, en a, comme nous l'avons dit, recueilli plusieurs échantillons bien conservés (2). M. Desor, dans son *Synopsis des Échinides fossiles* (3), mentionne ce Micraster du Chettabah, mais il le rapporte au *M. Michelini*, ce qui modifierait beaucoup sa signification stratigraphique et tendrait à faire placer encore dans le turonien les couches qui le renferment. Nous avons pu nous-même examiner de bons échantillons du Micraster en question et, ainsi que nous le ferons connaître ultérieurement, nous y voyons réellement le *M. brevis*.

(1) *Op. C.*, p. 78.

(2) *Exploration scientifique de l'Algérie*, p. 16.

(3) Desor, *Synopsis des échinides fossiles*, p. 363.

Les calcaires turoniens des environs de Constantine se prolongent dans l'Ouest, à une certaine distance, suivant la route de Sétif, mais bientôt ils disparaissent, et pour les retrouver il faut se transporter au-delà des plaines de la Medjana, dans le sud et dans l'ouest de Bordj-bou-Areridj. Dans l'ouest, on en voit des affleurements dans le fond des nombreux ravins qui sillonnent la région de la petite Kabylie voisine du village de Mansourah. Puis on en voit un relèvement considérable dans une chaine étendue comprise entre les portes de fer et la route de Sétif à Bougie. M. Brossard (1) a signalé sur ce point de nombreux et riches gisements d'Hematite au milieu de calcaires à *Hippurites organisans*.

Plus à l'ouest encore, dans la direction d'Aumale, nous avons cru reconnaître le terrain turonien dans les environs de Ben-Daoud et du caravansérail de l'Oued-Okris; les couches sont plus marneuses, mais nous n'avons pu y découvrir aucun fossile.

Aux environs d'Aumale, où nous avons pu faire des recherches prolongées, nous avons attribué (2) à l'étage turonien la composition suivante :

Au-dessus des dernières assises à fossiles cénomaniens (zone à *Epiaster Henrici*) :

1° Des calcaires marneux se débitant en fragments anguleux, puis des calcaires feuilletés schisteux assez puissants, sans fossiles, et des calcaires un peu plus durs avec de bons fragments d'un gros Radiolites qui nous paraît identique au *R. cornupastoris*. Dans ces mêmes couches, nous avons rencontré des oursins assez nombreux, mais en médiocre état, que nous avons rapportés à l'*Hemiaster Fourneli*, mais qu'il est, en réalité, bien difficile de déterminer rigoureusement, puis un *Cyphosoma*, également en mauvais état, que M. Cotteau a rapproché du *C. radiatum*, Sorignet, et enfin des débris d'une grosse Ammonite voisine de l'*A. Lewesiensis*.

Au-dessus des couches précédentes, près de l'abattoir d'Aumale,

(1) *Op. Cit*, p. 234.
(2) *Op. Cit.*, p 701.

nous avons encore signalé, comme devant être placé dans le turonien, un niveau intéressant caractérisé par un Micraster à longs ambulacres que nous avons à ce moment réuni avec doute au *M. Peini*, Coq. Les calcaires fissiles qui contiennent cet oursin sont recouverts en discordance par le terrain tertiaire, et nous n'avons pu contrôler exactement leur position par rapport aux couches de l'étage santonien, que l'on peut observer un peu plus loin; mais nos observations ultérieures nous ont conduit à modifier notre manière de voir et nous considérons maintenant cette couche à Micraster comme faisant partie de l'étage santonien. Dans notre prochain fascicule, nous reviendrons, en conséquence, sur cette question et nous décrirons ce Micraster d'Aumale.

Cette disposition du terrain turonien dans le Djebel Dirah se prolonge fort loin dans l'ouest de la province. Les coupes et les fossiles des environs de Berouaguiah, qui nous ont été communiqués par M. Thomas, indiquent nettement la continuation jusqu'à cette localité du même ensemble et du même faciès. Le Micraster de l'abattoir d'Aumale, dont nous venons de parler, s'y retrouve également à la partie supérieure, et M. Thomas en a recueilli quelques échantillons, en même temps qu'un grand Hemiaster du même étage que nous ferons connaître sous le nom d'*Hemiaster Thomasi* et qui paraît être le même que nous trouvons toujours déformé auprès d'Aumale. Dans le sud de Berouaguiah, aux environs de Boghar, le même terrain paraît couronner les hauteurs du Djebel Taguenza. Puis il se retrouve sur la rive droite du Chéliff, non loin de Boghari, auprès du Kef-ben-Alia. Là encore, les couches superposées renferment des Micraster. M. Nicaise a rapporté cette espèce au *M. coranguinum* (1), mais ses échantillons, que nous avons pu voir dans la collection du service des mines d'Alger, nous paraissent beaucoup plus voisins du Micraster de la Touraine.

Si maintenant, revenant vers l'est, nous parcourons la chaîne de montagnes qui limite au nord le bassin des Chotts, nous rencontrerons encore d'assez nombreux affleurements des calcaires

(1) *Catalogue des fossiles de la province d'Alger*, p. 80

turoniens. Ils ne présentent toutefois qu'un intérêt assez restreint au point de vue paléontologique.

Dans le massif qui sépare la plaine de la Medjana de celle du Hodna, ces calcaires sont très développés. Sur le chemin qui conduit du Bordj-bou-Areridj à Msilah, en passant par Medjès-el-Foukani, on ne voit guère que la partie supérieure de l'étage; mais si, abandonnant cette route, on s'engage dans le lit de l'Oued Ksab, on voit que cette rivière s'est creusé, au milieu des calcaires turoniens, un passage qui a beaucoup d'analogie avec le ravin de Constantine. Les bancs, presque horizontaux, forment deux falaises à parois verticales d'une hauteur qui atteint parfois plus de 60 mètres. De place en place quelques sentiers difficiles coupent cette gorge de l'Oued-Ksab et de ses affluents, et permettent de relever la série des couches. Le sentier, notamment, qui va de Beniah à Medjès présente une rampe ou plutôt un escalier qui permet de franchir la gorge et d'examiner les divers bancs. Malgré nos recherches dans ces passages, nous n'avons pu recueillir aucun fossile. La pâte fine, uniforme, et la puissance des bancs indique un dépôt de mer profonde, peu habitable pour les mollusques. Ces bancs sont surmontés, sur les bords de l'Oued-Ksab, par d'autres calcaires grisâtres où l'on trouve de grands gastéropodes, notamment la *Turritella gigantea*, Coq., le *Pterodonta subinflata*, et enfin, au-dessus, se déroule la série si fossilifère des couches à *Ostrea Costei*, *O. acanthonota*, *Ceratites Fourneli*, etc., etc., qui forme notre étage santonien

Les couches sous-jacentes aux bancs turoniens ne sont pas visibles dans le ravin de l'Oued-Ksab. Ces bancs forment là un bombement et disparaissent au nord et au sud sous les couches de l'étage supérieur. Mais dans plusieurs montagnes de ce même massif la série est plus complète et on peut suivre mieux la succession. Le Kef-el-Acel, situé à 12 kilomètres environ au sud-ouest du petit caravansérail de Medjès, puis le Djebel Mahdid, à l'est, le Djebel Tarfa, le Djebel Kellef, etc., sont dans ce cas. Dans toutes ces montagnes, les calcaires turoniens sont immédiatement superposés aux couches cénomaniennes telles que nous les avons décrites et délimitées dans notre précédent fascicule.

Leurs assises puissantes et résistantes forment les parties hautes de ces montagnes et s'allongent en crêtes saillantes bien reconnaissables par les abruptes qu'elles dessinent. M. Brossard, qui a longuement exploré ces régions pour en dresser la carte géologique, n'y a rencontré que de rares fossiles, en général difficiles à extraire et à déterminer. Quelques nerinées nouvelles s'y montrent assez fréquemment, ainsi que le *Sphærulites Desmoulinsi*. Les caractères pétrographiques restent les mêmes d'une façon très constante, et partout la présence des calcaires turoniens donne naissance à de gigantesques abruptes, à des ravins profonds, etc.

C'est ainsi qu'en suivant le lit de l'Oued-el-Arabi, au sud du Djebel Kellef, M. Brossard (1) a observé d'immenses escarpements calcaires, qui lui ont rappelé le ravin de Constantine. Il y a recueilli le *Radiolites cornupastoris* et le *Sphærulites Desmoulinsi*.

Aucun des gisements que nous venons de citer ne nous a fourni d'oursins. Nous n'avons donc pas à entrer dans plus de détails sur cette région. Il nous a paru nécessaire cependant de faire connaître leur disposition générale, pour montrer que là, comme partout où nous l'avons vu, l'étage turonien ne formait qu'un tout difficile à subdiviser, et qu'en tout cas les couches à *Hemiaster Fourneli*, *Cyphosoma Delamarrei*, etc., étaient, non pas enclavées et comprises dans cet étage, mais placées bien au-dessus.

Si, maintenant, continuant notre marche vers l'est, nous abordons le massif du Djebel Bou-Thaleb, qui se dresse dans la région au sud de Sétif, nous trouvons encore de nombreux gisements de l'étage turonien. Sur le versant nord de ces montagnes, près des localités du Bordj-Messaoud, d'Aïn-Baïra, etc., que nous avons déjà fait connaître à propos de l'étage cénomanien, nous voyons l'étage turonien composé de calcaires blancs et jaunâtres, admettant, surtout vers la base, quelques assises subordonnées de marnes jaunes fossilifères. Les fossiles de cette zone sont assez abondants et en très bon état de conservation; en ce qui concerne les oursins, nous avons à y mentionner l'*Hemiaster semicavatus* et le *Goniopygus conicus*.

(1) *Op. Cit.*, p. 234.

Ce n'est pas sans quelque hésitation que nous plaçons ces oursins dans le turonien. Leur niveau n'est pas nettement accusé et l'absence des rudistes et autres fossiles connus de cet étage nous laisse dans un certain doute. Toutefois, la position des marnes fossilifères à la base des grandes assises calcaires dépourvues de fosssiles, la distance verticale assez considérable qui les sépare des calcaires marneux cénomaniens à *Heterodiadema Libycum, Archiacia sandalina,* etc., nous ont amené à les placer de préfé ence dans l'étage qui nous occupe aujourd'hui.

Dans les montagnes des environs de Batna, le terrain turonien paraît devenir un peu moins compact, moins puissant et moins nettement délimité. Dans les couches marno-calcaires qui forment la base de l'étage et que nous avons assimilées, au moins pour la partie supérieure, à l'étage ligérien, il serait difficile de tracer une ligne de séparation entre le cénomanien et le turonien. Quelques fossiles du premier de ces étages ont sans doute persisté dans le second. De même encore il nous est difficile de préciser la limite supérieure du turonien, et il nous semble probable que, sur ce point, quelques espèces du santonien apparaissent déjà dans l'étage inférieur. Il y a lieu d'attendre, pour être fixé à ce sujet, que des recherches méthodiques et prolongées nous aient fait connaître la succession bien détaillée des faunes et leur plus ou moins d'affinités avec celles des deux étages inférieur et supérieur.

Dans presque toutes les collines des environs de Batna, la partie supérieure des assises appartient au terrain turonien. Les collines du Moulin-à-Vent, celles qui entourent l'abattoir, les derniers contre-forts du Djebel Iche-Ali, au sud de Batna, entre cette ville et le caravansérail du Ksour, les collines de Lambessa, etc., nous présentent ce terrain développé et souvent fossilifère. L'espèce dominante et caractéristique paraît être l'*Hemiaster africanus.*

Sur le plus grand mamelon de la petite chaîne du Moulin-à-Vent nous avons relevé la série suivante :

A la base, un gros banc de calcaire dur, exploité comme pierre de construction pour les besoins de la ville; les couches subordonnées sont masquées.

Au-dessus, marnes jaunâtres entrecoupées de petits bancs de calcaire, également jaunâtre, avec *Hemiaster africanus*.

Un peu plus haut, les marnes sont plus pures, plus grises, puis elles redeviennent jaunâtres et renferment de nombreux fossiles, *Hemiaster africanus*, *H. oblique-truncatus*, *H. Auressensis*, *H. consobrinus*, *Linthia oblonga*, *Linthia Verneuilli*, *Cyphosoma Schlumbergeri*, *C. pistrinense*, etc.

Au-dessus de cette zone on remarque de petits bancs de calcaires pétris de débris d'*Ostrea*, de *Lima* et d'un *Pecten* que ses ornements délicats rapprochent du *P. elongatus*, d'Orb. Puis à ces bancs succèdent des calcaires gris marneux, se délitant à l'air, assez puissants, dans lesquels nous n'avons pas trouvé de fossiles.

Enfin la colline est couronnée par un banc puissant de calcaire très dur, à la surface duquel on remarque des traces nombreuses et bien apparentes d'Hippurites.

C'est évidemment dans ces mêmes bancs que M. Coquand a signalé (1) une grande abondance de *Radiolites cornupastoris*. Ce fossile nous a échappé, et nous avons pu seulement constater la présence des Hippurites, bien reconnaissables dans leurs coupes à leurs piliers longitudinaux.

Les bancs à Hippurites du Moulin-à-Vent ne sont surmontés sur ce point par aucune couche bien visible, les terrains superficiels venant, au pied occidental de la colline, s'appuyer sur ces mêmes bancs. Nous pensons toutefois que, un peu au nord-est de l'abattoir, on peut observer des couches plus élevées dans la série. Leurs relations avec les précédentes ne nous sont cependant pas bien connues. Au nord de Batna, au-delà du cimetière, il existe une petite région très ravinée, située entre les collines de l'abattoir et les premiers contreforts des montagnes des Haractas, où les couches ne présentent ni les caractères du cénomanien, ni ceux du turonien. Les oursins du genre *Hemiaster* y abondent, et dans les formes très diverses qu'on y rencontre nous avons reconnu plusieurs variétés de l'*Hemiaster Fourneli* et quelques

(1) *Op. Cit.*, p. 65-66.

autres formes déjà observées dans les couches du Moulin-à-Vent.

Il est possible que nous ayons là déjà un horizon santonien. Ce fait serait d'autant plus admissible que l'existence du *Ceratites Fourneli* a été aussi signalée dans ces parages et que, sur d'autres points des environs, certains fossiles de la faune des tamarins ont encore été rencontrés.

Cependant, malgré ces considérations, nous maintiendrons provisoirement cette localité dans le turonien. Nous n'avons pas reconnu sur ce point le facies si constant et si tranché du véritable santonien, ni la légion de fossiles et peu particulier d'ostracés qui caractérisent si bien cet horizon.

Etant connue la longévité et la grande diffusion du type *Hemiaster Fourneli*, nous pouvons le considérer comme ayant apparu avant l'époque santonienne, où il prend tout son développement.

Ainsi que nous l'avons dit plus haut, nous considérons les couches du Moulin-à-Vent dont nous venons de parler comme l'équivalent du turonien inférieur du midi ou de l'étage ligérien de M. Coquand. Indépendamment de leur position immédiatement au-dessous des bancs à rudistes, ces couches présentent, en effet, une certaine analogie de faune avec les marnes des Jeannots et du Revest, et aussi avec une zone des environs de Rennes-les-Bains, inférieure également au premier niveau de rudistes. Dans cette dernière localité, en effet, les dernières recherches de M. Toucas ont fait découvrir, à la partie inférieure de la série, plusieurs niveaux fossilifères qui représentent bien les divers termes du turonien et du santonien. Nous citerons notamment la découverte, au-dessus du premier niveau de rudistes, d'un *Ceratites* qui nous paraît identique au *Ceratites Fourneli* jeune.

Les fossiles communs que nous avons à signaler entre ces horisons synchroniques sont, à la vérité, encore peu nombreux. Nous avons pu citer cependant le *Linthia Verneuilli*, si abondant partout dans le turonien, et le *Linthia oblonga*, qui se retrouve dans plusieurs niveaux du turonien de la Charente. Ajoutons cependant que quelques espèces, bien caractéristiques encore de ce niveau, comme l'*Inoceramus labiatus*, ont été découvertes à Batna par M. Coquand.

On ne saurait s'étonner d'ailleurs que, dans une contrée aussi lointaine, où les terrains présentent un facies pétrologique aussi différent, le nombre des espèces identiques ne soit pas plus considérable.

L'étage de la craie supérieure, que nous étudierons ultérieurement, ne présente non plus que peu d'espèces communes avec les terrains contemporains en Europe. Il semble qu'il suffit, pour s'expliquer ces faits, de considérer que les étages sénonien et turonien, qui, en France, sont constitués par des masses crayeuses blanches si connues, sont, au contraire, fournies, en Algérie, par des calcaires noirs durs et des argiles également noires.

Le niveau dont nous nous occupons actuellement ne correspond pas stratigraphiquement à l'étage mornasien de M. Coquand, tel que ce savant l'avait décrit et délimité en Algérie. On sait, en effet, qu'à ce moment M. Coquand considérait les grès d'Uchaux comme situés au-dessus du premier niveau des rudistes turoniens, c'est-à-dire entre son angoumien et son provencien. Mais, dans ses travaux ultérieurs, le savant professeur a reconnu (1) que les grès d'Uchaux, et par suite son étage mornasien, devaient être placés au-dessous de l'angoumien à *Radiolites cornupastoris*, et, par conséquent, cet étage serait actuellement placé sur le niveau des couches du Moulin-à-Vent de Batna.

Cette modification à la classification de M. Coquand nous a paru regrettable, et nous avons fait connaître dans un autre travail notre avis à ce sujet (2).

L'étage mornasien, tel qu'il était constitué d'abord, devait, à la vérité, subir des modifications assez profondes; mais ce nom pouvait, dans la géologie du midi de la France, rester très avantageusement attribué aux grès de Mornas (à l'exclusion de ceux d'Uchaux), aux grès à *Micraster brevis* du Beausset et aux calcaires à échinides de Rennes-les-Bains, c'est-a-dire à ces puissants

(1) *Bul. Soc. géol.*, 3e série, t. III, p. 265.
(2) Peron, 3e serie, t. V, p. 471.

dépôts qui dans tout le midi séparent les deux niveaux de rudistes dont M. Coquand a fait ses étages angoumien et provencien.

Quoiqu'il en soit, en ce qui concerne l'Algérie, la mesure ne souffre aucune difficulté. Il sera sans doute difficile de trouver à l'étage mornasien une place distincte de celle du ligérien ; mais du moins nous n'aurons plus à compter avec l'existence, dans le milieu du massif turonien à rudistes, d'un étage spécial dont nos observations condamnent l'existence.

Jusqu'ici, dans toutes les localités que nous avons étudiées, nous n'avons pu découvrir deux niveaux bien marqués de rudistes; l'étage turonien est toujours constitué, comme nous l'avons dit, par un massif calcaire très uniforme, très homogène, et nous n'y voyons aucune place pour le grand étage marneux fossilifère que M. Coquand y a placé.

Il suffit d'ailleurs de jeter les yeux sur la liste des fossiles de l'étage mornasien, telle que l'a donnée M. Coquand, pour reconnaître que cet étage a été constitué avec des lambeaux d'âges très différents, confusément réunis dans le même horizon et parallélisés par erreur.

C'est ainsi que nous voyons un grand nombre de fossiles cénomaniens des plus caractéristiques, comme l'*Heterodiadema Libycum*, l'*Hemiaster Batnensis*, l'*H. Desvauxi*, etc., confondus dans le même niveau, avec des espèces ligériennes, comme *Ammonites papalis*, *A. Deveriæ*, *Holectypus turonensis*, et avec des espèces santoniennes, comme *Ceratites Maresi*, *Otostoma Fourneli*, *Turritella pustulifera*, *Hemiaster Fourneli*, *Cyphosoma Delamarrei*, *Holectypus serialis*, etc., etc.

D'après nos observations, aucun des fossiles mentionnés dans l'étage mornasien ne peut rester sur l'horizon qui lui a été attribué. Cette subdivision n'a donc plus de raison d'être et sa suppression est facile.

Les seules couches qui, dans notre pensée, peuvent rester comparables à celles qui, dans le midi, séparent l'angoumien du provencien, sont peut-être celles qui, au Chettabah, à Aumale, à Boghari, etc., sont situées au-dessus du *Radiolites cornupastoris* et renferment, comme au Beausset et à Rennes-les-Bains, de nombreux *Micraster*, tous très voisins du *Micraster brevis*, si commun dans ces localités. Mais là encore l'analogie est bien loin d'être complète, car nous n'y avons pas trouvé ce puissant niveau d'Hippurites qui, à la Cadière comme à la montagne des Cornes, surmonte le niveau des *Micraster*. Pour le moment donc, et en l'état des connaissances acquises, il convient de s'en tenir aux propositions que nous avons déjà formulées et qui consistent à ne placer dans le turonien que les calcaires avec rudistes et les couches subordonnées à *Hemiaster africanus*, et rejetant dans le santonien toutes les assises qui leur sont superposées.

Ces préliminaires indispensables étant posés, il nous sera plus facile d'aborder l'examen de certains gisements de l'est de l'Algérie, dont M. Coquand a donné la description et dont un bon nombre d'espèces d'échinides sont mentionnées dans le présent fascicule. Les plus importants de ces gisements sont les environs de Tebessa et ceux de Krenchela. M. Coquand a donné de ces deux localités plusieurs coupes intéressantes qui montrent une longue succession des couches de la craie moyenne et supérieure. Dans quelques-unes de ces coupes, notamment celle de Beccaria au Djebel Tarbent (1), par Tenoukla, le Djebel Osmor et le Djebel Doukkan, celle du Hammam de Krenchela au Djebel Kollan (2), etc., l'étage turonien est bien constitué tel que nous l'avons observé, c'est-à-dire qu'il ne forme qu'un massif calcaire continu, lequel repose sur les marnes et calcaires du cénomanien supérieur et du ligérien et supporte les marnes et calcaires santoniens sans intercalation d'un étage mornasien. Au contraire, la coupe du Djebel Osmor de Ténoukla à Tébessa montre dans le milieu de ce massif turonien un puissant sous-étage marneux très fossilifère où M. Coquand signale la présence de beaucoup d'espèces caractéristiques de son étage mornasien.

Nous pensons que cette dernière coupe réclame une nouvelle étude et qu'elle a besoin d'être révisée. Nous n'avons pas eu le loisir de faire cette étude, mais nous possédons des environs des fours à chaux, où se montre l'étage en question, une nombreuse

(1) Coquand, *Op. Cit.*, p. 60, fig. 6

(2) *Op.*, p 72.

série de fossiles, et la plupart de ces fossiles appartiennent à notre étage santonien, tel que nous l'avons vu constitué dans toutes les localités. Il est évident toutefois que dans la longue liste de fossiles mornasiens que M. Coquand signale à Tébessa, il y a beaucoup d'espèces qui, comme nous l'avons dit plus haut, appartiennent vraiment en France aux couches turoniennes. Parmi ces espèces on peut citer, en effet, les *Ammonites Requieni, A papalis, A. Deverianus, Cardium Moutoni, Arca Matheroni*, etc., mais, nous sommes obligés de le répéter, ces fossiles appartiennent au turonien inférieur, et, par conséquent, ne sont pas à leur véritable place au-dessus du premier niveau de rudistes. De toutes façons il est donc évident que la coupe de Tébessa réclame une nouvelle interprétation. Le turonien y existe et y est même développé, mais il a besoin d'être délimité autrement, d'être replacé dans sa succession normale et débarrassé de couches qui lui sont étrangères. M. Coquand, si familiarisé avec ces divers niveaux, n'a pas manqué d'être parfois frappé et assez embarrassé par la ressemblance des couches qu'il attribuait au mornasien, avec celles qui forment le santonien. Il lui arrive de recueillir sur le même point des fossiles qu'il attribuait à ces deux niveaux, et cette promiscuité qui l'étonne l'oblige, pour résoudre ces difficultés, à admettre l'intervention d'une faille qui aurait rapproché et confondu les deux niveaux.

Il résulte de tout ce qui précède qu'il règne encore pour nous une assez grande indécision dans la classification des fossiles et des couches de Tébessa. Nous possédons par nous-même et il nous a été communiqué par M. Coquand un bon nombre d'oursins dont la place stratigraphique nous paraissait assez douteuse. Nous avons cru devoir, pour préciser les faits autant qu'il est en notre pouvoir, demander à ce sujet des renseignements complémentaires au savant si obligeant et si désintéressé qui nous a communiqué ces fossiles et, conformément à son avis, nous avons maintenu dans le turonien et compris dans le présent fascicule les oursins qui nous ont été signalés comme habitant au-dessous du niveau des Hippurites. Nous avons à citer, comme se trouvant dans cette situation, les espèces suivantes : *Holaster Desclauzeauxi*,

Hemiaster latigrunda, Holectypus turonensis, Cyphosoma majus, C. Thevestense, C. Coquandi, C. ambiguum.

En ce qui concerne les environs de Krenchela, la même incertitude règne également pour nous au sujet de la station des oursins que nous possédons de cette localité. La plus grande partie de ces oursins nous ont été communiqués par MM. Jullien et Thomas avec l'étiquette « étage turonien, » mais nous sommes portés à croire que nos zélés confrères ont en cela suivi encore, au moins en partie, la classification de MM. Fournel et Coquand, qui comprenait dans le turonien les couches à *Hemiaster Fourneli*. Nous avons eu, en effet, communication par M. Jullien de la série nombreuse des autres fossiles recueillis par lui en même temps que les oursins en question, et nous avons reconnu la majeure partie des espèces qui peuplent le santonien. Tous ces fossiles cependant proviennent-ils exactement des mêmes couches? Nous devons en douter. Quelques gros échantillons d'Hippurites, qui paraissent devoir être rapportés à l'*H. cornuvaccinum*, se trouvaient dans la même série et nous imposent une certaine réserve.

D'après les renseignements fournis par M. Jullien il serait difficile d'apprécier si les oursins et autres fossiles communiqués sont au-dessus ou au-dessous de ces Hippurites, les bancs qui renferment ces derniers fossiles étant isolés et redressés verticalement, de telle sorte qu'on ne peut apprécier d'une façon bien nette la position stratigraphique relative des niveaux fossilifères.

Une belle coupe de l'ensemble des couches de Krenchela a été donnée, comme nous l'avons dit, par M. Coquand (1), et la succession de ces couches dans son ensemble est bien conforme avec ce que nous connaissons de toutes les autres localités; mais les détails manquent dans cette coupe, et elle ne nous permet pas d'établir si les espèces qui nous occupent ont été recueillies dans le ligérien, dans le provencien ou dans le santonien.

Dans ces conditions donc, nous ne pouvons faire mieux que conserver à nos oursins la classification qui leur a été attribuée par ceux qui les ont recueillis, et c'est ainsi que, sous réserve

(1) *Op. Cit.*, p. 72.

des modifications que pourront nous apporter les études ultérieures, nous décrirons ici les espèces suivantes, qui toutes sont spéciales à Krenchela : *Holectypus Jullieni*, *Hemiaster Auressensis*, *H. Krenchelensis*, *Rhabdocidaris subvenulosa*, *Cyphosoma regale*. Quelques autres espèces, comme *Hemiaster latigrunda*, sont communes entre Krenchela et d'autres localités, et leur station dans le turonien vrai paraît être démontrée. Une espèce très importante, l'*Echinoconus carcharias*, se retrouve dans quelques autres gisements de la région Est, mais son niveau ne paraît pas pour cela être mieux établi.

RÉGION SUD.

Les divers affleurements turoniens de Batna, de Krenchela, de Tébessa, dont nous venons de parler, appartiennent sensiblement à la même zone géographique parallèle au rivage africain. Un peu plus au sud, ce terrain disparaît généralement sous la craie supérieure, qui occupe un large espace dans le Nemenchas, le Doukkan, l'Aurès, etc., et sous les terrains tertiaires qui sont également assez répandus dans ces régions. Pour retrouver l'affleurement de notre étage, il faut descendre jusqu'aux dernières crêtes qui séparent la région des hauts plateaux du Sahara pro prement dit. Là, sur beaucoup de points, les calcaires turoniens présentent un beau développement, mais sans caractères particuliers bien remarquables. Le Djebel Bourzel, qui s'étend un peu au nord de Biskra, est un des gisements les plus intéressants. Ainsi que l'a déjà montré M. Coquand, les couches redressées qui forment cette longue arète plongent fortement vers le nord. La base de la série, c'est-à-dire le versant sud de la montagne, est en grande partie formé par les couches du cénomanien supérieur. Au-dessus, l'étage turonien semble débuter par des calcaires rougeâtres, en bancs épais, sans que nous ayons pu constater au-dessous l'existence bien marquée de l'horizon ligérien.

Au-dessus viennent des calcaires marneux jaunes avec de nombreux fossiles et en particulier des rudistes très abondants, parmi lesquels M. Coquand a distingué le *Sphærulites Sauvagesi* et le *S. Desmoulinsi*. Il est incontestable que certains individus des rudistes en question présentent une grande affinité avec ces espèces; toutefois, parmi les nombreux échantillons que nous en avons recueillis, aucun ne nous paraît montrer une compléte identité, et tous offrent quelques caractères différentiels importants. Ils ne possèdent pas notamment les côtes longitudinales de la première, et n'ont ni la forme épaissie, ni la valve supérieure de la seconde. Quelques individus affectent assez nettement l'aspect cupuliforme et lamelleux du *Radiolites Fleuriausi* et nous pensons même que c'est de ce dernier type qu'ils se rapprochent le plus. Notre opinion est jusqu'ici qu'il faut voir dans tous ces rudistes un type spécifique nouveau qui prendrait place à côté des espèces que nous venons de citer.

Avec ces Radiolites se trouvent des moules de Nérinées, une petite huitre gryphéiforme, costulée souvent, dont M. Coquand a fait l'*Ostrea Mermeti*, et qui est identique à l'espèce qui se trouve déjà dans les assises cénomaniennes bien inférieures. Immédiatement au-dessus, on voit une couche assez mince, pétrie d'un petit *Ostrea* linguiforme que M. Coquand a décrit sous le nom d'*Ostrea Biskarensis*. Cette huitre pourrait bien encore appartenir à un même type spécifique qui existe déjà dans les couches plus anciennes et qui a été distingué par M. Coquand, tantôt sous le nom d'*Ostrea rediviva*, tantôt sous le nom d'*O. Rouvillei*, cette dernière étant à tort considérée comme appartenant à la craie supérieure (1).

Au-delà de ce niveau, on observe une petite série de bancs calcaires et de marnes avec minces lits de gypse, puis des bancs plus puissants de calcaire dur, bien réglés, qui passent à un calcaire rognoneux blanchâtre sans fossiles. Ce dernier calcaire devient plus dur à la partie supérieure et on y trouve encore un second niveau d'*Ostrea Biskarensis*. A ces couches succèdent de grands bancs de calcaires gris et rougeâtres, dolomitiques, d'une grande épaisseur, qui forment le sommet en plongeant de 45 degrés environ vers le nord, et sur la tranche desquels est assis l'ancien télégraphe aérien du col de Sfa.

(1) Coq., Monographie du genre *Ostrea*, p. 89.

Ce massif est encore recouvert sur le versant nord par une épaisse série de calcaires alternant avec des brèches et des poudingues qui descendent jusqu'à la plaine d'El-Outaya, sans qu'on puisse distinguer leurs relations avec les couches supérieures.

On voit qu'en résumé le terrain turonien du col de Sfa nous a fourni peu de documents intéressants, et il en est malheureusement ainsi de la plupart des localités où nous avons pu étudier ce terrain.

A partir du point que nous venons d'examiner, l'étage turonien se montre presque sans discontinuité dans la région subsaharienne qui s'étend au sud-ouest de l'Algérie jusqu'au Maroc.

Autour de Bou-Saada, les calcaires de cet étage recouvrent l'étage cénomanien et couronnent les sommets de plusieurs montagnes, notamment les Djebel Zemera, Djebel Meketsi, au nord-ouest. Mais c'est surtout au sud de cette oasis qu'ils sont très développés et qu'ils occupent de larges espaces. En suivant le chemin d'Aïn-Rich, on voit leurs puissantes assises former un abrupte sur la vallée de l'Oued Oulguimen, au sommet du Djebel Ousagna, dont nous avons déjà donné le diagramme dans notre 4e fascicule.

Ces mêmes calcaires tournent ensuite vers l'est par le Djebel Serdj, reviennent à l'ouest en s'infléchissant par le Djebel Fernan et le Djebel Rekeibat, et enfin retournent au nord par le Djebel Grouz de manière à se rejoindre au Djebel Ousagna pour former une vaste cuvette continue, surélevée, dans laquelle sont situés les campements d'Aïn-Smarra et d'Aïn-Ougrab et la maison de commandement du Scheik-Amar-ben-Messeur des Ouled Feradj.

Ce plateau d'Aïn-Ougrab, qui est recouvert par une forêt assez clairsemée de pins larisse, ne laisse pas voir bien nettement les couches supérieures aux calcaires turoniens. Cependant, sur le versant nord du Djebel Rekeibat, dans quelques ravins peu profonds, on distingue une succession de marnes blanches et jaunes qui sont évidemment superposées aux calcaires turoniens.

Nous n'avons pas trouvé de fossiles dans ces marnes, mais la comparaison avec celles qui, un peu au-delà, vers Aïn-Mgarnez et sur le versant ouest du Djebel Grouz, forment l'étage santonien, ne permet pas de douter que nous ayons, au plateau d'Aïn-Ougrab, au moins les premières assises de cet étage.

Ce grand plateau, ainsi formé en forme de cuvette, présente en son milieu un fait assez curieux. Dans la partie la plus déclive, au nord du bordj du Scheik-Amar, on peut observer un pointement d'une roche verte, amphibolique, quelquefois massive et subgranitoïde, d'autres fois paraissant stratifiée, autour de laquelle se trouvent des argiles violacées, avec cristaux de gypse, en tout semblables à celles que l'on voit si fréquemment en Algérie autour des gisements de gypse ou de sel gemme.

Un peu plus au nord on rencontre un filon ferrugineux qui pourrait être d'une exploitation avantageuse si l'accès en était plus facile. Auprès de ce filon les calcaires encaissants paraissent avoir subi une action de métamorphisme. Les Arabes se servent de l'ocre ferrugineuse qui accompagne le minerai pour teindre en rouge sombre leurs tentes en poil de chameau. On voit là plusieurs excavations et de petites galeries qu'ils ont creusées en vue de l'extraction de cette ocre.

Autour de ce point les couches convergent de tous les côtés de l'horizon et ce fond de cuvette paraît correspondre à des lignes de fractures sans doute rayonnantes.

En ce qui concerne les calcaires qui forment ce plateau, ils ne nous ont offert rien de bien intéressant. Au-dessus des dernières assises à fossiles cénomaniens que nous avons signalées dans notre 4e fascicule, sur le versant est du Djebel Ousagna et immédiatement au-dessus des calcaires turoniens, M. Brossard a recueilli auprès du petit village d'El-Hamel et sur une petite colline qu'on appelle le djebel Amran, un fossile caractéristique, le *Cyphosoma Baylei*, qui se trouve à ce même niveau à Tébessa et à Batna. C'est, dans la région de Bou-Saada comme dans celles de l'est, la première et la plus ancienne apparition du genre *Cyphosoma*, si important dans toute la craie supérieure en Algérie comme en France. Nous pensons que cette apparition marque assez exactement le point de séparation des étages cénomanien et turonien.

Au-dessus du niveau à *Cyphosoma Baylei*, les calcaires en

grands bancs se succèdent en formant les abruptes dont nous avons parlé ; puis viennent des calcaires gris cendré, en plaquettes, sonores, chantant sous les pieds des chevaux et sous le choc du marteau, sans fossiles. Ces deux séries d'assises sont d'une épaisseur totale de plus de 50 mètres. Nous les avons recoupées sur plusieurs points, et ce n'est que sur le versant ouest, c'est-à-dire dans l'intérieur même du fond de bateau, que nous avons en plusieurs endroits aperçu des traces rares, mais très distinctes d Hippurites et de Radiolites, sans cependant pouvoir en détacher ni en déterminer aucune.

Le Djebel Rekeibat qui forme la limite sud du plateau d'Aïn-Ougrab et le sépare de la plaine du Liamoun est disposé très favorablement pour montrer la composition des assises turoniennes. Les bancs sont sur le versant sud disposés en retrait les uns des autres et dessinant comme un vaste escalier, et il devient possible sur les gradins successifs d'examiner la nature et la succession de ces bancs. Là, dans une couche un peu marneuse, située immédiatement sous les calcaires, nous avons rencontré en abondance un petit *Ostrea* dont le test est devenu presque noir et qui est évidemment identique à celui du Col de Sfa que M. Coquand a appelé *Ostrea Biskarensis,* comme nous l'avons dit plus haut.

Ce petit Ostrea d'ailleurs ne nous paraît pas différer sensiblement des *Ostrea rediviva* renflés et de petite taille que l'on trouve également en abondance dans les couches inférieures et dans la localité même dont nous nous occupons.

Avec ces Ostrea nous avons recueilli des moules de bivalves peu déterminables, une avicule inconnue, etc. Ce niveau est à peu de distance au-dessus d'une couche renfermant des *Ostrea Mermeti*, comme au Djebel Ousagna.

En remontant la série des bancs calcaires, on peut encore observer un second niveau marneux où le petit *Ostrea Biskarensis* se représente encore. C'est une analogie de plus avec les couches du Col de Sfa, mais au Djebel Rekeibat, nous n'avons pas rencontré les rudistes si abondants dans l'autre localité.

Enfin, c'est sur le versant nord de la même crête que nous

avons constaté, dans les ravins qui en descendent, la présence des marnes jaunes et blanches dont nous avons parlé et qui forment la base de l'étage santonien.

Nous jugeons utile de reproduire ici un diagramme représentant la disposition des couches autour d'Aïn-Ougrab,

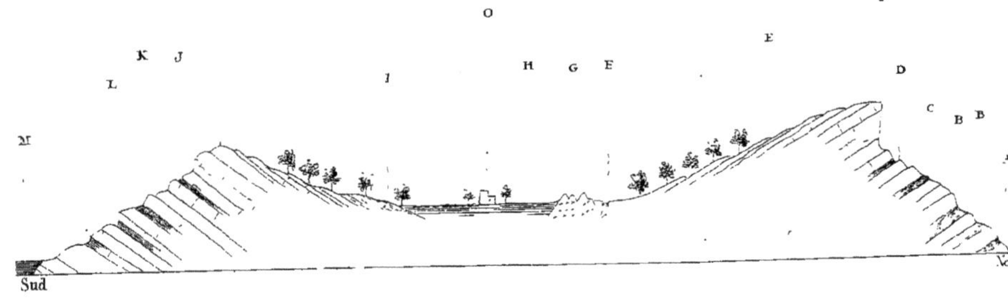

A. Niveau de l'*Heterodiadema libycum* et autres fossiles cénomaniens.
B. B. Bancs de gypse stratifié du cénomanien supérieur.
C. Marnes avec *Ostrea Mermeti*, *O. rediviva* et fossiles cénomaniens.
D. Niveau du *Cyphosoma Baylei*.
E. Calcaires en plaquettes sonores et calcaires avec rudistes.
F. Filon ferrugineux et ocres rouges exploitées par les Arabes.
G. Roche verte dioritique.
H. Alluvions.
I. Marnes jaunes et blanches santoniennes.
J. 2ᵉ niveau à *Ostrea Biskarensis*.
K. 1ᵉʳ niveau à *Ostrea Biskarensis*.
L. Niveau à *Ostrea Mermeti*.
M. Alluvions de la plaine du Hamoun.
N. Djebel Rekeïlat.
O. Maison de commandement d'Aïn-Ougrab.
P. Djebel Ousagua.
Q. Chemin de Bou-Saada à Aïn-Rich.

disposition en cirque cratériforme que nous verrons se reproduire fréquemment dans le sud de l'Algérie et qu'on peut considérer comme un des types les plus constants et les plus remarquables des montagnes du Sahara et de la partie méridionale des hauts plateaux.

A partir du plateau d'Aïn-Ougrab dont nous venons de parler, l'étage turonien s'étend dans le sud et le sud-ouest où il couronne à peu près toutes les montagnes.

Ses couches par le Djebel Mimouna et autres collines se relient à celles que nous avons signalées au nord de Biskra. Au sud, elles se montrent au sommet du Djebel Bou-Khaïl, au Djebel Tezrarine près d'Aïn-Rich; puis, après une inflexion sous le vallon d'Aïn-Mgarnez où elles sont recouvertes par le santonien, elles reviennent former les crêtes du Djebel Baten-Derona et se prolongent aux environs de Djelfa et du Rocher de Sel.

Les environs de Laghouat qui forment la continuation du Djebel Bou-Khaïl nous présentent encore un important développement de cet étage. Grâce aux recherches prolongées et persévérantes de M. le commandant Durand, ancien chef des bureaux arabes de Laghouat et de Géryville, et grâce aux explorations de M. Le Mesle, nous possédons actuellement de précieux renseignements sur cette vaste région montagneuse qui s'étend de Laghouat jusqu'au Maroc, par Géryville, Brizina, El-Abiod-Sidi-Cheik et Bou-Semghoun. Les notes très volumineuses et détaillées qui nous ont été fournies sur cette contrée par M. Durand mériteraient d'être examinées en détail et même entièrement reproduites, mais, malheureusement, obligés que nous sommes aujourd'hui de nous renfermer dans le cadre spécial qui nous est tracé, nous ne pouvons qu'en extraire ce qui intéresse directement notre publication.

Tout ce massif montagneux dont nous venons de parler et qui prend, au moins sur une grande étendue, le nom de Djebel Amour, se compose d'une série de crêtes parallèles entre elles et de cirques plus ou moins allongés dans le même sens.

Toutes les coupes prises perpendiculairement à ces lignes de crêtes reproduisent très sensiblement la même succession de couches avec les mêmes accidents et une composition à peu près identique. Les couches les plus anciennes appartiennent tantôt au jurassique supérieur, tantôt seulement au néocomien. Au-dessus se succèdent, en série continue, les étages urgo-aptien et albien représentés surtout par des masses énormes de grès, puis l'étage cénomanien caractérisé par ses marnes vertes fossilifères et ses bancs de gypse stratifié, et enfin l'étage turonien constitué par des calcaires durs et des dolomies qui couronnent les sommets et forment les crêtes les plus saillantes.

Au centre de la chaîne et parallèlement à sa direction, on remarque une grande ligne de rupture anticlinale sur laquelle sont échelonnés des pointements de sel gemme, autour desquels les couches sont fortement redressées. A partir de cette ligne, sur le versant sud, les couches plongent uniformément vers le sud en s'abaissant graduellement, et bientôt elles sont en grande partie masquées par les assises horizontales du terrain Saharien, de telle sorte que, vers les limites du Sahara, il n'y a plus que quelques longues crêtes rocheuses qui font saillie et restent seules visibles.

Sur le versant nord, les couches plongent au nord-ouest, mais se relèvent à une distance de 40 à 50 kilomètres, pour présenter une nouvelle ligne anticlinale où nous voyons se produire de nouveau le phénomène de l'apparition du sel gemme.

Déjà, il y a quelques années, dans notre fascicule relatif à l'étage néocomien (1), nous avons donné une coupe assez détaillée de quelques montagnes des environs de Laghouat, depuis le Djebel Lazereg jusqu'au Djebel Milok. Nous avons dès ce moment attribué, mais avec une certaine réserve, les calcaires dolomitiques qui couronnent cette dernière montagne à l'étage turonien par suite de leur évidente analogie avec ceux du sud de Bou-Saada. Les découvertes faites depuis cette époque sont venues confirmer cette manière de voir et peuvent nous permettre actuellement de généraliser la classification des couches similaires de toute cette région.

(1) *Échinides fossiles de l'Algérie*, t. II, p. 57.

Nous reproduisons ici un petit resumé du profil de la région pour faciliter les descriptions et préciser les points où ont été recueillis les fossiles et notamment les oursins que nous avons à mentionner.

Le Lazereg et le Debdebba présentent, comme nous l'avons indiqué, le néocomien inférieur et supérieur. Entre ces montagnes et le Milok se montrent les grès albiens, et dans cette dernière montagne, à la base, apparaît le cénomanien avec ses argiles verdâtres, ses calcaires et ses gypses, puis à la partie supérieure les bancs de calcaire blanc dolomitique qui forment l'étage turonien.

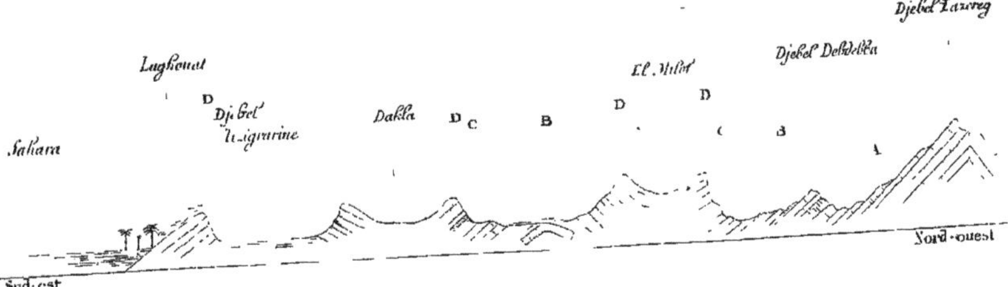

A. Néocomien.
B. Grès aptien et albien.
C. Marnes vertes et bancs de gypse du cénomanien.
D. Calcaires dolomitiques avec ammonites et oursins.

Dans les calcaires blancs, un peu au-dessous du sommet, se présente une couche riche en ammonites dont quelques-unes de grande dimension. C'est là une véritable curiosité dans nos terrains du sud de l'Algérie où nous avons pu jusqu'ici à peine constater la présence de quelques rares céphalopodes. Parmi les échantillons nombreux qui ont été recueillis, M. Le Mesle, si compétent en cette matière, a reconnu plusieurs types des calcaires à Ammonites de la Touraine, notamment l'*Ammonites peramplus*, l'*A. Prosperianus*, qui est considéré comme le jeune de la précédente et l'*A. Requieni*.

Plusieurs autres types existent encore dont, grâce à l'obligeance de M. Le Mesle, nous possédons un bon nombre d'exemplaires, mais nous n'avons pu les assimiler à aucune espèce connue.

La découverte de ce niveau à Ammonites nous fournit un renseignement précieux et vient nous aider dans la classification de ces terrains si peu analogues à ceux de même âge que nous avons en France.

Les mêmes calcaires magnésiens à Ammonites du Milok viennent de nouveau couronner les hauteurs d'une autre colline subcirculaire connue sous le nom de Dakla de Laghonat, dont la composition est la même que celle du Milok, puis, un peu plus au sud-est, ils forment une crête, le Djebel Tizigrarine, appelée communément par les Français le Rocher des Chiens, sur laquelle est appuyée la ville de Laghouat.

Les dolomies du Rocher des Chiens nous ont fourni de nombreux oursins. Malheureusement la presque totalité de ces oursins sont en fort mauvais état. Ce n'est qu'à l'aide de l'acide et avec de grandes précautions que M. Durand est parvenu à en dégager quelques-uns dans un meilleur état de conservation. Parmi ceux-là nous avons pu en déterminer et en décrire un certain nombre. Ce sont les *Holaster Tizigrarina, Hemiaster latigrunda, Pyrina Durandi*. L'*H. latigrunda*, ainsi que nous l'avons dit plus haut, a été déjà rencontré dans l'est à Tébessa et Krenchela ; les autres sont spéciaux jusqu'ici aux environs de Laghouat.

Ces détails sur les montagnes de Laghouat peuvent nous

permettre maintenant de parcourir rapidement toute la région sud-ouest, car nous n'avons plus qu'à rapprocher les observations faites dans cette région de celles que nous venons de relater.

Au Djebel Merkeb, au Djebel Safsaf, au Djebel Keiar, au Teniet-Temar, au Djebel Ozada, etc., nous retrouvons la ligne de rupture anticlinale du Lazereg, avec affleurement du néocomien et souvent du jurassique supérieur; puis, au sud-est de ces montagnes, des séries de crêtes et de cirques cratériformes prenant souvent le nom de Milok, comme à Laghouat, et qui reproduisent exactement ce que nous avons vu dans cette dernière localité.

Pour donner une idée de l'uniformité de ces formations, nous choisirons parmi les croquis qui nous ont été envoyés par M. Durand, celui qui représente le profil des couches dans la partie la plus occidentale du Djebel Amour.

Ainsi qu'on le voit ci-contre, la partie la plus inférieure de la coupe est occupée par le rocher de sel gemme des Arbaa, enchâssée entre les lèvres de la fracture et surgissant du milieu des couches redressées et de grès verts et bleus minéralisés et imprégnés de sels de cuivre. Ce pointement de sel gemme se trouve exactement sur la même ligne que plusieurs autres signalés également dans cette région par M. Durand, l'un à environ 50 kilomètres à l'ouest, vers Bou-Semghoun, et les autres à l'est, vers Kerakda, à 60 kilomètres, au Keneg el-Melah, à 90 kilomètres, etc. Dans tous ces gisements, le sel sort de la faille même, et il est toujours au-dessous des assises sédimentaires les plus inférieures. On peut considérer ces affleurements comme les jalons de l'axe central de soulèvement du Djebel Amour.

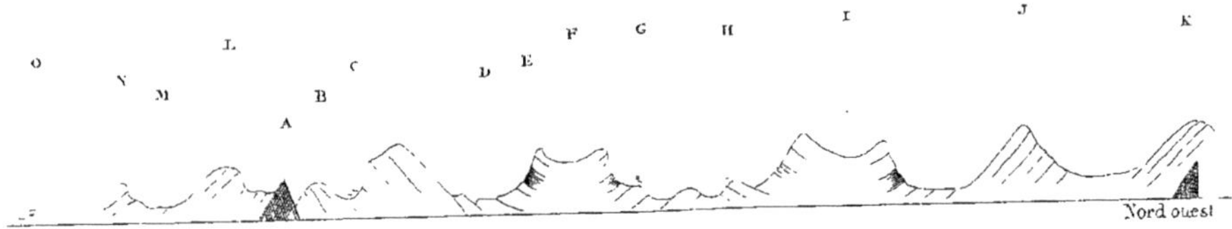

A. Rocher de sel des Arbaa, à côté, calcaires jurassiques fortement redressés, grès imprégnés de cuivre.

B. El Moulah, grès néocomiens ?

C. Ksar des Arbaa ; à côté, le Djebel Ben-[illegible]

D. Grès albiens

E. Marnes vertes gypsifères avec *Ostrea* du cénomanien.

F. Mitok de Chellala-Guelt[illegible] ; au sommet calcaire [illegible] avec [illegible].

G. Ksar de Chellala-Guel[illegible]

H. Ksar de Chellala Dahrania, sur les grès albiens.

I. Mitok de Chellala-Dahrania ; à la base, calcaire jaune avec gros *Strombus*, au milieu argiles gypsifères ; en haut, dolomies à ammonites

J. Djebel Sidi Sliman. Grès puissants ?

K. Djebel el-Melah, sel gemme visible seulement dans les ravins profonds.

L. Djebel Ozala ; néocomien.

M. Deffeli, grès albiens

N. Calcaires durs avec *Otostoma Fourneli*.

O. El Abiod-Sidi Cheik. Steppes Sahariennes.

Cette disposition en amas non stratifiés, signalée dans les roches de sel par M. Durand, semble leur donner un caractère éruptif et indépendant des formations encaissantes. Il faudrait donc exclure toute idée d'assimilation entre le sel gemme du Djebel Amour et ceux d'El-Outaya, au nord de Biskra, que M. Coquand, après une étude approfondie, a considérés comme sédimentaires et dépendants du terrain tertiaire inférieur. Il est bien difficile pourtant de ne pas être frappé de cette continuité des affleurements de sel de la province de Constantine avec ceux signalés par M. Durand. La montagne de sel d'El-Outaya n'est pas située dans les mêmes terrains que celles du Djebel Amour, mais elle est sensiblement sur le même alignement et de plus elle est reliée avec eux par certains gisements peu connus dont les caractères et la disposition se rapprochent de ceux indiqués par M. Durand.

Nous citerons notamment, au nord du Djebel Bou-Khaïl, la grande faille que nous avons signalée au Djebel Seba-Liamoun et qui met en contact le jurassique supérieur et l'étage albien. Le sel gemme n'affleure pas sur cette faille, mais il en sort des sources salées (Aïn-Melah), qui indiquent bien nettement la présence du sel à une profondeur plus ou moins grande.

Le Rocher de Sel bien connu de Djelfa ne paraît pas appartenir au même alignement, mais son caractère éruptif a été mis en relief par Ville, et les couches redressées qui l'entourent lui donnent un aspect très comparable à ceux des Arbaa et de Kerakda. Les roches encaissantes appartiennent ici comme à El-Outaya, au terrain crétacé supérieur, et cette diversité dans les gisements exclut l'idée d'un niveau constant de sel sédimentaire.

Ajoutons enfin que les conclusions de M. Coquand ont été combattues par Ville en ce qui concerne le gisement d'El-Outaya, où ce géologue voit, comme à Djelfa, un produit éruptif.

Quoiqu'il en soit, il nous parait démontré que les rochers de

(1) Ville, *Exploration géologique dans les bassins du Hodna et du Sahara*, p. 192 et suiv.

sel qui affleurent sur deux lignes de fracture dans le Djebel Amour, s'ils n'ont pas une origine éruptive, sont alors une dépendance de terrains sédimentaires beaucoup plus anciens que le terrain tertiaire, antérieurs même peut-être au terrain jurassique. Pour nous, nous y voyons volontiers un produit amené par les eaux de l'intérieur à la surface du sol dans le joint des failles et déposé par elles en amas irréguliers le long de la ligne de fracture qui leur a donné issue.

Cette intéressante question des gisements de sel gemme de l'Algérie, qui demanderait de longs développements, nous entraîne quelque peu au-delà de notre cadre et nous avons hâte d'y rentrer.

Ainsi que nous venons encore de le montrer par la coupe ci-dessus reproduite, les calcaires turoniens se montrent au sommet de deux cirques déprimés qu'on appelle des Milok, et où ont été recueillies des Ammonites comme auprès de Laghouat, et, en dessous, dans les argiles vertes, des *Ostrea Mermeti*.

Un grand nombre de montagnes de cette région sont exactement constituées sur le modèle de ces Milok. Nous citerons notamment le Djebel Mersel, au sud de Géryville, El-Guebour, près de Kerakda, la Dakla-d El-Aoueta, le Kreneg-El-Arouïna, près de Brizina, El-Guebar, etc.

RÉGION SAHARIENNE.

Le terrain turonien ne s'arrête pas à la limite du Sahara. De tous les renseignements au contraire que nous possédons sur la géologie du désert, il résulte que cette formation y joue un rôle considérable et qu'elle se prolonge à d'énormes distances avec des caractères à peu près identiques à ceux que nous avons constatés dans la région sud des Hauts Plateaux.

Indépendamment des indications déjà si précieuses fournies à ce sujet par les voyageurs, nous avons pu, depuis quelques années, recueillir des renseignements assez détaillés sur la partie septentrionale du Sahara, et ces renseignements nous ont permis de relier entre elles les observations des voyageurs et d'en tirer un meilleur profit.

Déjà dans notre 4e fascicule, à propos de l'étage cénomanien, nous avons fait mention des fossiles découverts dans le pays des Beni-Mzab par M. le vétérinaire militaire Thomas, notre zélé correspondant. Cet infatigable chercheur a bien voulu, en effet, nous communiquer, à son retour d'Ouargla, une grande quantité de fossiles, parmi lesquels nous avons pu reconnaître un bon nombre d'espèces cénomaniennes. Ces dernières avaient été trouvées dans un calcaire marneux jaune qui paraît former la partie inférieure des couches.

D'autres fossiles, malheureusement inconnus, provenaient d'une roche entièrement magnésienne, très dure, usée et polie sur toute sa surface par les agents atmosphériques et surtout sans doute par le sable transporté par le vent. Les fossiles, tous de très petite taille, sont en relief sur les surfaces et souvent admirablement conservés. Ce sont de petits gastéropodes et de petits bivalves qui ne peuvent nous renseigner sur l'âge des couches qui les renferment, car nous ne les avons jamais rencontrés ailleurs. Mais les caractères absolument identiques de ces dolomies avec celles des bords du Sahara, leur position au-dessus des marnes cénomaniennes et leur continuité avec les couches turoniennes que nous avons étudiées plus haut, ne permettent pas de douter que nous ayons dans le Beni-Mzab une reproduction de ce que nous avons vu aux environs de Laghouat et de Brizina.

Cette opinion est d'ailleurs entièrement celle de M. le commandant Durand. D'après les observations de cet officier, tout le plateau rocheux qui constitue le pays des Beni-Mzab serait formé de masses calcaires dolomitiques à peu près horizontales, coupées en forme de réseau par d'innombrables ravins. A la partie inférieure de ce système, M. Durand signale des hippurites et des radiolites empâtées dans la roche. Il a aussi recueilli au-dessous des dolomies un *Ostrea* à bec recourbé, identique à celui qui est abondant au Djebel Boukhail (*Ostrea Mermeti*). Ce même *Ostrea* a été encore trouvé jusqu'à El-Goleah, par M. l'abbé Pommier, en compagnie d'Oursins que nous n'avons pu avoir en communication.

Le même plateau rocheux qui constitue le Mzab s'étend, d'après M. Durand, jusqu'à El-Goléah. Cet officier a vu lui-même, jusqu'à une journée au sud de Metlili, le plateau se prolonger devant lui avec les mêmes caractères, à demi couvert du côté de l'ouest par le commencement des grandes dunes des Aregh.

Au sud de Goléah, une longue arète, le Djebel Baten, continue le plateau et se prolonge pendant dix à douze jours de marche, séparant le bassin de l'Oued-Mia des bas fonds du Touât et du Tidikilt, pour se terminer à peu près en face d'In-Salah. M. Durand ne peut préciser ce qu'est cette longue crète rocheuse, mais il fait observer qu'à deux journées au sud d'Insalah, on retrouve une montagne, appelée El-Milok. Une expédition indigène, envoyée en 1874, par l'Agha d'Ouargla à la poursuite de l'agitateur Bou-Choucha, a poussé une pointe très avancée dans le Sahara, au sud d'Insalah ; et le Chériff, quand il a été pris, était campé au pied d'une montagne appelée El-Milok.

Ainsi que le fait justement remarquer M. Durand, ce nom était fait pour appeler l'attention; aussi a-t-il recueilli, au sujet de cette montagne, autant de renseignements qu'il lui fut possible auprès des gens ayant fait partie de l'expédition. Or, de tous ces renseignements, il résulte que ce Milok d'Insalah est un plateau surélevé, circulaire et creusé en cuvette, exactement comme ceux de Laghouat et de Chellala.

Il nous a paru intéressant de reproduire ici, quelqu'incertaines qu'elles soient, ces indications données par M. Durand. C'est qu'en effet elles concordent parfaitement avec toutes les données déjà acquises sur le Sahara et ajoutent un élément de conviction à ceux que nous possédons.

En rapprochant et en comparant entre eux et avec nos propres observations tous les renseignements déjà donnés sur la géologie du Sahara par les explorateurs et notamment par MM. Pomel, Vatonne, Duveyrier, Barth, Overweg, etc., nous avons acquis cette conviction absolue que les roches de l'étage turonien forment en quelque sorte l'ossature de tout le Sahara septentrional et que c'est leur présence sur d'immenses espaces qui donne à ces régions leur facies désertique le plus stérile et le plus désolé.

D'après tous les voyageurs, on trouve dans le Sahara, d'abord des roches granitiques qui n'occupent que la partie la plus méridionale, c'est-à-dire celle qui confine au Soudan ; puis des terrains dévoniens qui reposent sur ces granites et forment les parties culminantes des montagnes des Touaregs, montagnes très habitables où se trouvent des ruisseaux permanents et une riche végétation ; Enfin, dans toute la partie septentrionale, des roches calcaires crétacées ou des terrains détritiques superficiels qui garnissent les bas-fonds.

Pour mieux comparer la composition de ces massifs crétacés sahariens, qui seuls doivent nous occuper, avec ceux des hauts plateaux, nous rappellerons que dans cette dernière région on trouve toujours, à la base. des grès puissants. souvent friables, dont la désagrégation amène la formation de sables mouvants, puis des couches argilo-marneuses et des calcaires subcrayeux avec bancs de gypse et fossiles de la craie chloritée, enfin, au sommet, des bancs de calcaires dolomitiques renfermant parfois des Ammonites et parfois des rudistes, et des calcaires blancs et gris, durs, en plaquettes sonores, se délitant pour former un sol pierreux et difficile.

Cette composition de collines se reproduit avec une constance remarquable dans le Sahara, depuis la grande Syrte jusqu'à l'Atlantique. Cette immense région, dont l'orographie est d'une grande simplicité, se compose, comme on le sait, de vastes plateaux élevés, qui prennent le nom de Hamada, puis de dépôts sableux ou dunes, qui occupent les intervalles des Hamada et les recouvrent parfois, et enfin de bas-fonds très déprimés, salifères, qu'on appelle Chotts ou Sebkhas.

Ce nom de Hamada est attribué par les Sahariens en général à tous les plateaux élevés, quelle que soit leur composition, et il y a des Hamadas granitiques comme des Hamadas dévoniennes ou crétacées, mais les Hamadas crétacées revêtent un caractère tout particulier de stérilité et d'étendue qui les a toujours fait distinguer des autres.

Dans celles-là, les couches de calcaires crétacés, horizontales ou à peu près, s'étendent sans variation sur d'énormes espaces et donnent naissance à des plateaux en général très unis, rocailleux, sans eau et sans végétation, dont quelques parties des causses de l'Aveyron, de la Lozère ou du Lot, peuvent donner une idée très affaiblie.

Les plus vastes des Hamadas paraissent être celles de Tinghert, qui s'étend au sud de Ghadamès et l'Hamada-El-Homra, le *Caput Saxi* des Romains, qui paraît se joindre à la précédente et se prolonge dans le sud de la régence de Tripoli.

L'étendue de ces plateaux du nord au sud serait de 200 kilomètres environ, mais celle de l'est à l'ouest ne peut être précisée. On sait seulement qu'entre la région des dunes à l'ouest et le Djebel Es-Sôda à l'est, il existe près de 700 kilomètres de plateau uniforme sans eau ni végétation, ce qui interdit à qui que ce soit d'aller faire la reconnaissance de cette immense solitude.

Cependant ce désert, que les oiseaux eux-mêmes ne franchissent pas, a pu être traversé dans sa largeur par plusieurs voyageurs et les Romains même le traversaient pour aller de Æra (Tripoli) à Garama.

Ainsi que le fait remarquer M. Duveyrier (1), les ruines romaines échelonnées sur cette route ne laissent aucun doute sur la voie suivie par eux pour gagner le pays de Garama à travers la montagne.

Grâce aux explorations d'intrépides voyageurs, on a pu avoir des indications sur la composition des couches qui forment cette immense région, et il résulte de ces indications que ces couches doivent appartenir en très grande partie à l'étage turonien.

Auprès de Ghadamès, M. Duveyrier a observé (2) au bas du plateau des carrières de plâtre cristallisé, blanc, presque pur. La roche du plateau est un calcaire crétacé jaunâtre avec fragments d'Inocérames et des bivalves indéterminables, identiques comme aspect avec les calcaires jaunes coquillers du Mzab. Ce calcaire contient une certaine quantité de magnésie. La Gara de Tesfin

(1) *Les Touaregs du Nord*, p. 83

(2) *Op. Cit.*, p. 47

qui est plus élevée montre une roche siliceuse grise ne donnant pas d'effervescence par les acides, puis un calcaire jaune marneux, et enfin, à la partie supérieure, un calcaire, avec traces de Zoophytes, dur, compacte et sonore comme de la poterie cuite.

Dans le sud de Ghadamès, près de Ahedjeren, les flancs du plateau sont formés par un calcaire blanc, subcrayeux, duquel M. Duveyrier a pu détacher plusieurs échantillons d'un *Ostrea* qui a été rapporté à l'*O. columba*, et qui est vraisemblablement le même qu'on rencontre au même niveau à Goléah, c'est-à-dire l'*Ostrea Mermeti* Coq. Dans les débris des roches du plateau supérieur, le même savant voyageur a trouvé de nombreux fragments d'Ammonites. Entre Ahedjeren et Ohanet, ces mêmes Ammonites se retrouvent au milieu des pierres parsemées à la surface de ce désert ; elles sont abondantes, mais frustes et fragmentées.

La pâte de ces fossiles est un calcaire blanc jaunâtre très dur, tout-à-fait analogue par conséquent à celle des Ammonites de Laghouat.

Les voyageurs Barth et Overweg ont exploré l'Hamada-El-Homra dans sa partie orientale. Elle y a les mêmes caractères, c'est-à-dire celui d'un plateau d'une altitude moyenne de 500 mètres, uni, nu, pierreux, sans vie et sans végétation.

Une tranchée profondément creusée dans le roc permit aux observateurs de constater que la base était formée par des bancs de grès, à surface noire, lesquels sont recouverts par des couches d'argile mêlée de gypse, puis par des marnes et enfin à la partie supérieure par une croûte de calcaire siliceux dur.

Quelques fossiles ont été encore recueillis dans ces plateaux par M. Francesco Busettil, officier de santé détaché à Mouryouk. On y a reconnu l'*Ostrea larva* et un autre *Ostrea* nouveau du groupe de l'*O. frons*, puis des baguettes d'oursins qui devaient être énormes et enfin des coquilles univalves indéterminables. Ces fossiles indiqueraient dans cette partie l'existence de couches supérieures au turonien.

Cette grande Hamada-El-Homra peut être considérée comme le

type le plus complet des plateaux pierreux et arides du grand désert. Les plateaux d'Egnelé, de Tinghert et même celui du Mzab que nous avons examiné plus haut en sont une reproduction sur une plus petite échelle.

D'après M. Pomel (1), le même terrain qui constitue ces plateaux s'étend vers le nord jusqu'à la corniche quaternaire marine du littoral actuel et depuis la grande jusqu'à la petite syrte. Vers le Sud, il passe sous les dunes d'Eyden pour ressortir au-delà et se relever sur les contreforts de l'Akakous et de l'Amsak de manière à prouver que le relèvement principal du Massif Targui s'est opéré postérieurement à la formation de cette craie et peut-être immédiatement après, puisqu'il n'y a plus au-dessus de représentant d'une autre formation marine plus récente. Vers l'ouest d'El-Beod une bande du même terrain se relie par El-Goléah à la zone rocheuse des Chebka de Metlili et du Mzab.

Il devient nécessaire de borner ici ces considérations sur la géologie du Sahara qui nous entraînent au-delà des limites modestes que comporte le cadre de notre monographie. Il nous a cependant paru utile d'utiliser nos observations multipliées dans l'extrême sud de l'Algérie pour essayer de démontrer que les mêmes terrains que nous avons vus dans ces parties lointaines de nos possessions, pénètrent profondément dans le grand désert et qu'elles en forment même les parties les plus arides et les plus infranchissables. Nous aurons ainsi essayé de confirmer ce qu'a dit déjà M. Duveyrier : « Il paraît acquis à la science que jus-
« qu'au versant nord des montagnes des Touaregs, la Nature du
« sol reste la même, sans changements appréciables et nous
« présente toujours le terrain crétacé comme au sud de l'Algérie,
« de la Tunisie et de la Tripolitaine. »

(1) *Le Sahara*, p. 61.

DESCRIPTION DES ESPÈCES

Holaster Desclozeauxi, Coquand, 1862.

Pl. I, fig 1 3.

Holaster Desclozeauxi, Coquand, *Mém. de la Soc. d'émul. de la Provence*, t. II, p. 244, pl. XXVII, fig. 8-10, 1862.

Espèce de forme presque rectangulaire, large, arrondie et légèrement échancrée en avant, un peu plus rétrécie à la partie postérieure qui est tronquée. variant beaucoup dans sa hauteur, uniformément convexe en dessus, le point culminant de la courbe étant le plus souvent au sommet apical, quelquefois un peu en arrière. Dessous à peu près plat, sauf une dépression peu considérable autour du péristome et le renflement médiocrement accentué du plastron interambulacraire. Bord presque tranchant.

Sommet à peine excentrique en avant. Appareil apical très allongé. Les pores génitaux et les pores ocellaires sont parfaitement sur la même ligne, portés les uns et les autres par des plaques assez grandes. Le corps madréporiforme est saillant, peu étendu, d'apparence spongieuse, et la plaque génitale de droite qui le porte est plus développée que la plaque antérieure de gauche qui lui correspond.

Ambulacre impair aigu près du sommet, mais s'élargissant assez vite, sans que les deux zones porifères s'écartent beaucoup. Il est logé dans un sillon peu profond, à bords évasés, à peine sensible près du sommet, plus accusé au pourtour qu'il échancre d'une manière notable. Les pores sont petits, arrondis, disposés obliquement, assez rapprochés à la partie supérieure, plus éloignés en bas, bien visibles jusqu'au pourtour.

Ambulacres pairs superficiels : les antérieurs larges et infléchis en avant s'étendent jusqu'au bord. Ils montrent deux zones porifères inégales, l'anterieure étant un peu plus étroite que la postérieure. Les pores sont allongés, acuminés à l'extrémité interne, égaux entre eux dans chaque zone. L'espace interporifère est aussi large que les deux zones réunies. Les ambulacres postérieurs offrent la même disposition: seulement ils ne sont pas infléchis. Il s'étendent jusqu'au bord; les zones porifères sont légèrement inégales en largeur, et l'espace qui les sépare est toujours considérable.

Péristome subarrondi, allongé transversalement, sans lèvres saillantes. Il est placé au quart antérieur, et le test se déprime sur les côtés et en avant, où le prolongement du sillon antérieur est toujours sensible.

Périprocte grand, ovale, occupant à la partie postérieure le sommet d'une aire à peu près verticale, peu élevée, et dont la partie inférieure est légèrement évidée jusqu'au bord.

Tubercules petits, peu saillants, disséminés au milieu d'une granulation très fine Ils augmentent à peine de volume à la face inférieure.

Remarque. — Cette espèce varie beaucoup dans sa hauteur. L'exemplaire qu'a fait figurer M. Coquand est le plus élevé que nous connaissions. Il prend à la face supérieure un aspect subconique, gibbeux, qui est plutôt une exception que la règle générale. Dans le plus grand nombre des individus, la face supérieure est arrondie; dans quelques-uns elle est presque plate, mais la forme carrée de la partie postérieure et tous les autres détails sont constants, de sorte qu'il ne peut y avoir de doutes sur l'unité de l'espèce. Nous faisons figurer un exemplaire, faisant partie, comme le premier, de la collection Coquand, mais de forme moins exagérée. Le dessinateur de notre savant collègue avait d'ailleurs mal rendu les détails; l'appareil apical est inexact dans son dessein, et la représentation des ambulacres laisse à désirer.

Rapports et différences. — M. Coquand comparait l'exemplaire qu'il a décrit à l'*Holaster lœvis*. C est, en effet, de cette espèce et de tout le groupe des *Holaster nodulosus*, *Hol. Trecensis*, *Hol. marginalis*, qu'on les sépare ou qu'on les réunisse, que se rapproche le plus l'*Hol. Desclozeauxi*. Il en a le bord tranchant, le dessous presque plat; comme dans ces espèces, la hauteur varie selon les individus. Mais il se distingue très facilement de tout le groupe par ses ambulacres plus larges, par l'espace considérable qui sépare les zones porifères, par son périprocte plus grand, et surtout par sa partie postérieure bien plus élargie et coupée carrément.

Localité. — La plupart des exemplaires de l'*Hol. Desclozeauxi* ont été recueillis près de Tébessa, à la base du Djebel Doukkan. On le rencontre aussi à Trik-Karetta et à Krenchela. M. Coquand l'a placé dans son étage Mornasien, qui correspond en partie à notre étage turonien, et c'est sur la foi de cet auteur que nous l'indiquons à cet horizon. Assez rare.

Collections Coquand, Gauthier, Peron, Jullien, Cotteau.

Explication des figures. — Pl. I, fig. 1, *Holaster Desclozeauxi*, de la coll. Coquand, vu sur la face sup.; fig. 2, face inf.; fig. 3, région apicale grossie.

Holaster batnensis, Peron et Gauthier, 1880.

Pl. II, fig. 1-4.

Longueur, 34 mill.	Largeur, 32 mill.	Hauteur, 21 mill.
Autres exemplaires, 43	— 40	— 25
— — 49	— 48	— 29

Espèce atteignant une assez forte taille, allongée, déprimée, convexe en dessus, renflée en dessous, arrondie sur les bords, échancrée en avant, tronquée et médiocrement rétrécie en arrière. La face supérieure est à peu près horizontale. puis s'abaisse tout à coup à la partie antérieure ; mais ce caractère est plus accentué dans certains exemplaires que dans d'autres dont la pente antérieure est moins abrupte.

Sommet excentrique en avant. Appareil apical allongé, mais d'un développement moyen. Les plaques ocellaires paires sont complètement en contact et s'alignent avec les plaques génitales.

Ambulacre impair logé dans un sillon bien défini. Près du sommet il est étroit et peu profond ; puis il se creuse rapidement à l'endroit où le test tombe à pic en avant, et il échancre très fortement le bord. Les pores sont petits, ronds, disposés par paires obliques, plus serrés à la partie supérieure.

Ambulacres pairs assez longs, un peu plus courts en arrière qu'en avant. Les antérieurs sont infléchis, et offrent deux zones de pores inégales, la postérieure étant beaucoup plus large que l'autre. Les pores sont allongés, égaux entre eux dans chaque zone. Les ambulacres postérieurs sont droits, et leurs zones de pores un peu moins inégales en largeur. Elles sont séparées par un intervalle granuleux plus large que l'une d'elles.

Péristome situé assez près du bord, de forme subcirculaire, sans lèvre saillante. Il est entouré d'une dépression peu sensible sauf à la partie antérieure, tout le reste de la face inférieure étant fortement renflé.

Périprocte assez grand, ovale, situé au sommet de la troncature postérieure. L'aire anale est déprimée et échancre très légèrement le bord inférieur.

Tubercules abondants, égaux à la partie supérieure, plus accentués en dessous; il sont entourés d'un très grand nombre de granules très fins et couvrant tout le reste du test.

Rapports et différences. — L'*Holaster Batnensis* n'est pas sans analogie avec le *Cardiaster ananchytis* du turonien de la Sarthe. Il s'en distingue par sa partie antérieure plus abrupte, sa forme plus élargie en arrière, ses ambulacres plus larges, à pores moins obliques, par sa partie inférieure bien plus renflée, par l'absence de gros tubercules sur les bords du sillon antérieur. Nous n'avons pu distinguer aucune trace de fasciole latéral, ce qui du reste, n'a pas une grande importance, ce caractère étant sujet à varier, et le plus souvent insaisissable. L'*Hol. Batnensis* s'éloigne également de tous les types algériens que nous avons décrits jusqu'à ce jour. Sa physionomie est toute différente de celle de l'*Hol. Desclozeauxi*, et son bord arrondi, ainsi que la convexité de la partie inférieure, ne permettent pas de le rapprocher du groupe de l'*Hol. nodulosus.*

Localité. — L'*Hol. Batnensis* a été recueilli par l'un de nous à Batna, dans les couches à *Hem. Africanus* (colline du Moulin-à-Vent), et par M. Jullien à Krenchela et à Aïn Mimoun. Etage turonien. Assez commun.

Collections Jullien, Peron, Cotteau, Gauthier.

EXPLICATION DES FIGURES. — Pl. II, fig. 1, *Holaster Batnensis*, de la coll. de M. Jullien, vu de côté; fig. 2, face sup.; fig. 3, face inf.; fig. 4, région apicale grossie.

HOLASTER TIZIGRARINA, Peron et Gauthier, 1880.

Pl I, fig. 4-6.

Longueur, 28 mill. Largeur, 25 mill. Hauteur, 17 mill.

Espèce de taille médiocre, assez large, arrondie et sinueuse en avant, fortement rétrécie en arrière, où elle est coupée carrément. Face supérieure convexe uniformément, ayant son point culminant au sommet apical. Face inférieure légèrement creusée autour du péristome; le reste est sensiblement renflé.

Sommet excentrique en avant. Appareil apical très allongé, offrant les caractères ordinaires du genre, c'est-à dire que les pores génitaux et ocellaires sont disposés de chaque côté sur une même ligne, et à peu près à égale distance. Corps madréporiforme peu développé, rattaché à la plaque génitale antérieure de droite.

Ambulacre impair logé dans un sillon évasé, peu profond, échancrant légèrement l'ambitus, et se prolongeant en dessous jusqu'au péristome. Les pores sont très petits, très obliques réciproquement, et les zones porifères se continuent jusque près du bord.

Ambulacres pairs superficiels, longs, s'étendant jusqu'au pourtour. Les antérieurs sont infléchis en avant. Zones porifères inégales, l'antérieure étant un peu plus étroite. Les pores sont allongés, acuminés à la partie interne, presque horizontaux. La distance qui sépare les zones n'excède guère la largeur de la plus développée d'entre elles. Ambulacres postérieurs droits, semblables aux antérieurs pour la disposition des pores; seulement les zones porifères sont moins inégales.

Péristome situé au quart antérieur, dans une médiocre dépression du test.

Périprocte occupant à la face postérieure le sommet d'une aire peu développée, mais tronquée carrément.

Tubercules homogènes, disséminés également sur la face supérieure, peu visibles d'ailleurs sur notre exemplaire.

Nous possédons quelques individus plus jeunes que celui que nous venons de décrire ; ils sont généralement déformés ; le mieux conservé ne mesure que douze millimètres en longueur. Ils sont plus allongés que l'exemplaire adulte ; cependant nous croyons qu'ils appartiennent au même type, car les autres caractères nous paraissent assez concordants. Tous d'ailleurs ont été fortement lavés à l'acide, ce qui leur donne un aspect corrodé, et ne permet pas de préciser toujours tous les détails ; mais il n'y a pas d'autre manière de les dégager de la gangue qui les empâte.

Nous rapportons aussi à notre espèce, avec beaucoup de vraisemblance, mais sans une certitude absolue, un exemplaire recueilli par M. Jullien à Krenchela. Il est un peu moins élevé à la face supérieure, mais tous les autres caractères nous paraissent identiques : le pourtour est le même, le sillon ambulacraire antérieur a les mêmes proportions, la face postérieure est également rétrécie, la disproportion des zones porifères, la nature des pores n'offrent point de différences appréciables. Si nous semblons hésiter, c'est parce que nous n'avons entre les mains qu'un seul exemplaire, et que nous avons appris par l'expérience à nous défier des exemplaires uniques.

Rapports et différences. — Comparé à l'*Hol. Desclozeauxi*, l'*Hol. Tizigrarina* est bien plus rétréci en arrière ; le dessous est plus renflé, les zones porifères sont moins divergentes, le bord plus arrondi. Comparé à l'*Hol. Batnensis*, il est moins quadrangulaire, plus uniformément convexe à la partie supérieure ; les zones porifères sont bien plus inégales en largeur, les ambulacres postérieurs sont plus longs, le sillon de l'ambulacre impair est moins profond, et tombe moins verticalement vers le bord antérieur. Parmi les types européens, nous ne trouvons guère à comparer à notre espèce qu'un petit Holaster, encore inédit, qu'on rencontre au vallon des Jeannots, près de Cassis, dans les marnes turoniennes (Ligérien de M. Coquand), et qui porte généralement dans les collections méridionales le nom d'*Hol. Peroni*. La forme est à peu près la même, quelquefois un peu plus allongée dans les individus provenant des Jeannots; la partie supérieure est plus horizontale dans ces derniers, moins déclive en arrière, les pores ambulacraires sont moins développés, et le sillon ambulacraire entame ordinairement le bord d'une manière plus sensible, bien que ce dernier caractère soit sujet à quelques variations. Nous ne croyons pas qu'on puisse identifier ces deux types. On pourrait encore comparer l'*Hol. Tizigrarina* à quelques individus de l'*Hol. intermedius* Agassiz, mais la disposition des pores ambulacraires, le sillon antérieur plus accusé dans ce dernier, la partie postérieure plus relevée, le sommet plus en arrière, suffisent pour mettre obstacle à un rapprochement que la forme semblerait suggérer.

Localité. — Tizigrarine, près de Laghouat (Rocher des Chiens), département d'Alger, recueilli par M. Durand. — Krenchela? Etage turonien. Rare.

Collections Durand, Jullien.

Explication des Figures. Pl. I, fig. 4, *Hemiaster Tizigrarina* de la coll. de M. Durand, vu de côté; fig. 5, face sup.; fig. 6, région apicale grossie.

Résumé sur les Holaster.

L'étage turonien ne nous a présenté que trois espèces appartenant au genre *Holaster* : *H. Desclozeauxi*, *H. Batnensis*, *H. Tizigrarina*.

L'*H. Desclozeauxi* a été décrit en premier lieu par M. Coquand; les autres étaient inédits avant notre travail.

Les deux premières espèces n'ont encore été rencontrées que dans le département de Constantine, dans la région des Hauts-Plateaux; la troisième appartient à la région saharienne du département d'Alger, et peut-être aussi au département de Constantine.

Aucune de ces espèces n'a encore été recueillie en Europe.

Aucune ne dépasse en Algérie les limites de l'étage turonien.

HEMIASTER AFRICANUS Coquand, 1862.

HEMIASTER AFRICANUS, Coquand, *Mém. Soc. d'émul. de la Prov*, t. II, p. 247, pl. XXV, fig. 10-12, 1862.

Long. 31 mill.	Larg. 33 mill.	Haut. 23 mill.
— 38	— 39	— 25
— 45	— 45	— 28

Espèce polygonale, dont la largeur égale et souvent excède la longueur, à bord arrondi, d'apparence pulvinée, plus renflée en dessous qu'en dessus. Le test est tronqué brusquement en avant, la partie postérieure oblique et presque arrondie; le pourtour est à plusieurs faces et comme noduleux.

Sommet sensiblement excentrique en avant. Appareil apical situé dans une légère dépression du test, très large et peu allongé. Les plaques génitales sont complètement en contact de chaque côté ; les pores oviducaux, très rapprochés dans le sens de la longueur, sont très écartés transversalement. Les plaques ocellaires antérieures, également courtes et larges, sont rejetées au-dehors, de sorte que le pore ocellaire est fort loin du centre de l'appareil. Le corps madréporiforme porté par la plaque génitale antérieure de droite, occupe le milieu, et dépasse en arrière les pores génitaux, sans s'étendre cependant au-delà des pores ocellaires, comme cela a lieu dans la plupart des spatangoïdes vivants.

Ambulacre impair très large dès le sommet, logé dans un sillon évasé et médiocrement profond, qui se prolonge jusqu'au péristome sans se rétrécir sensiblement. Les pores sont très petits, arrondis, disposés par paires obliques sur les bords du sillon. L'espace qui sépare les deux rangées est granuleux et les tubercules portés par chaque plaque ont une tendance à s'aligner horizontalement.

Ambulacres pairs assez larges, mais toujours moins que l'ambulacre impair. Les antérieurs sont longs, très divergents, recourbés vers l'arrière, de manière à présenter leur convexité en avant. Ambulacres postérieurs plus courts et moins divergents, légèrement obliques. Le prolongement des aires ambu-

lacraires est bien visible au delà de l'extrémité des pétales, et se dessine nettement à la face inférieure jusqu'au péristome. Ces aires conservent partout la même largeur; elles sont superficielles, à peu près nues, et montrent quelques paires de pores difficiles à distinguer et assez distantes l'une de l'autre.

Péristome petit, subarrondi, très éloigné du bord antérieur, au tiers de la longueur totale, situé dans une dépression étroite, toute la face inférieure étant très renflée. Il est bordé d'un mince bourrelet qui en arrière forme une petite lèvre proéminente.

Périprocte étroit, ovale, acuminé, situé au sommet de la face postérieure, dans une aire oblongue, peu étendue, et entourée de petites nodosités.

Tubercules assez nombreux, peu développés, égaux sur toute la face supérieure, augmentant à peine de volume en dessous. Ils sont entourés de granules très fins, qui forment un cercle autour d'eux.

Fasciole péripétale passant à l'extrémité des ambulacres, étroit mais bien visible, à peine sinueux.

Rapports et différences. — La forme élargie de l'*Hemiaster Africanus*, son aspect épais, pulviné et polyédrique, son sommet apical excentrique en avant, ses ambulacres pairs infléchis en arrière, ses aires ambulacraires se prolongeant très visiblement en dessus jusqu'au péristome, et la position de ce péristome si éloigné du bord antérieur, donnent à cette espèce une physionomie à part qui la distingue facilement de tous ses congénères. Nous ne connaissons point de type en Europe qui rappelle, même de loin, celui que nous décrivons.

Localité. — On rencontre l'*Hem. Africanus* assez abondamment à Batna, dans les collines de l'Abattoir et du Moulin-à-Vent. On le trouve aussi dans les couches supérieures, au nord et au sud de la ville : il caractérise l'horizon immédiatement inférieur aux bancs à rudistes. La station principale est bien au-dessus des couches à *Hem. Batnensis* et *Het. Libycum*, avec lesquels on le rencontre peut-être déjà, mais bien rarement. Nous ne l'avons recueilli qu'à Batna ; cependant nous l'avons reconnu dans des échinides de Krenchela, que nous a communiqués

M. Jullien ; peut-être n'est-ce que le résultat d'une confusion. Nous en possédons environ 40 exemplaires, dont bon nombre bien conservés.

Collections Coquand, Peron, Gauthier, Cotteau, Jullien, de Loriol, le Mesle.

HEMIASTER OBLIQUE-TRUNCATUS, Peron et Gauthier, 1880.

Pl. II, fig. 5 9.

Long., 22 mill.	Larg., 21 mill.	Haut., 15 mill.
— 29	— 27	— 20
— 36	— 34	— 22

Espèce de taille moyenne, un peu plus longue que large, renflée, arrondie à la face supérieure, sinueuse en avant, convexe en-dessous, tronquée obliquement à la face postérieure. Le point culminant se trouve entre l'apex et la face postérieure.

Sommet excentrique en avant. Appareil apical court et large. Les pores oviducaux se touchent presque longitudinalement, mais dans le sens contraire, ils sont très écartés. Le corps madréporiforme, d'apparence spongieuse, est bien développé, occupe le centre et dans quelques exemplaires déborde même sur toutes les plaques génitales.

Ambulacre impair non pétaloïde, logé dans un sillon large et médiocrement creusé, n'entamant que légèrement le bord antérieur. Les pores sont petits, allongés, obliques, séparés par un renflement granuliforme bien marqué. L'espace qui sépare les zones porifères est large et couvert d'une fine granulation, entremêlée de quelques petits tubercules.

Ambulacres pairs droits, pétaloïdes, peu divergents, les postérieurs un peu plus courts et plus étroits que les antérieurs. Zones porifères égales, formées de pores allongés, acuminés à la partie interne, de même longueur dans chaque paire. Ils sont conjugués par un sillon, et la bande qui sépare les paires ne porte que quelques rares granules à l'extrémité externe.

Péristome petit, peu éloigné du bord, à fleur du test. Il est de forme arrondie en avant avec lèvre proéminente en arrière. Les pores ambulacraires qui l'entourent sont bien visibles, mais ils ne sont point placés dans une dépression, la face inférieure étant uniformément bombée.

Périprocte ovale, acuminé aux extrémités, placé au sommet de la troncature postérieure, dans une area ovale, limitée en bas par des nodosités.

Fasciole péripétale peu sinueux, entourant les ambulacres. Granulation abondante. Les tubercules n'augmentent point de volume à la face inférieure.

Rapports et différences. — L'*Hemiaster oblique-truncatus* n'est pas sans analogies avec l'*Hem. Africanus.* Il s'en rapproche par son sommet excentrique en avant, par la forme rétrécie de ses ambulacres postérieurs, par son dessous renflé. Il en diffère par sa forme plus allongée, tronquée bien plus carrément à la face postérieure, par ses ambulacres droits et non arqués, par son péristome plus rapproché du bord. Dans certains exemplaires de notre espèce, l'excentricité du sommet est moins prononcée, la face postérieure moins oblique : ils se rapprochent alors de quelques variétés de l'*H. Fourneli,* dont ils ne s'éloignent plus que par leurs ambulacres plus superficiels, leur périprocte moins grand, leur ambulacre impair logé dans un sillon à fond plus élargi, échancrant moins l'ambitus, leur granulation moins grossière à la partie inférieure. Du reste, nous ne comparons ici que des individus exceptionnels dans chaque espèce; le type normal de chacune d'elles est bien distinct, et l'on ne saurait les confondre. Ainsi, tandis que des exemplaires exagérés rappellent l'*H. Africanus,* d'autres, placés à l'extrémité opposée de la chaîne, rappellent l'*H. Fourneli*; et par là l'*H. oblique-truncatus* paraît relier deux espèces qui semblent n'avoir entre elles aucune ressemblance.

Localité. — Nord de Batna. Etage turonien. Abondant.

Collections Peron, Gauthier, Coquand, Cotteau, Jullien.

Explication des Figures. — Pl. II, fig. 5, *Hemiaster oblique-truncatus,* de la coll. de M. Peron, vu de côté; fig. 6, face sup.; fig. 7, face inf.; fig. 8, face anale ; fig. 9, région apicale grossie.

HEMIASTER AURESSENSIS, Peron et Gauthier, 1880.

Pl. III, fig. 1-5

Long , 40 mill.	Larg., 37 mill.	Haut., 24 mill.
— 49	— 45	33
— 64	— 57	— 34

Espèce de grande taille, variable dans sa hauteur, allongée, échancrée en avant, à partie postérieure marquée d'une forte dépression verticale. Dessus convexe, ayant son point culminant en arrière du sommet : la courbe forme une pente plus rapide en avant. Aire interambulacraire impaire assez nettement carénée. Dessous presque plat, bords pulvinés.

Sommet excentrique en arrière, placé dans une légère dépression du test. Appareil apical large, peu allongé. Les pores oviducaux se touchent presque longitudinalement, mais sont très écartés dans le sens transverse. Le corps madréporiforme, rattaché à la plaque génitale antérieure de droite, est saillant et assez étendu.

Ambulacre impair logé dans un sillon assez profond, évasé, droit, en pente rapide, mais non abrupte, échancrant sensiblement l'ambitus. Les pores sont obliques, petits, disposés par paires très rapprochées et bien visibles sur une assez grande étendue. Tout le fond de ce sillon est fortement granuleux, et, dans les exemplaires bien conservés, les zones porifères ont un aspect rugueux très caractéristique.

Ambulacres pairs très longs, s'étendant jusque près du bord ; mais l'excentricité du sommet fait que les postérieurs sont un peu plus courts que les autres. Ils sont également larges, à peu près droits et logés dans des sillons profonds. Zones porifères égales, la postérieure étant cependant un peu plus large que l'autre dans les ambulacres antérieurs. Pores très accusés, allongés, acuminés à la partie interne, à peu près égaux dans chaque paire. Ils sont conjugués par un sillon, et la bande étroite qui sépare les paires est ornée d'une ligne de granules serrés et assez gros relativement. L'espace qui sépare les zones porifères, presque aussi large que l'une d'elles, paraît complètement lisse dans les exemplaires un peu usés; il porte en réalité quelques petites lignes transversales de granules très fins et très serrés, qui lui donnent à la loupe un aspect chagriné.

Péristome à fleur du test, situé près du bord antérieur. Il est de médiocre dimension, ovale, avec lèvre saillante en arrière. Les avenues ambulacraires qui y aboutissent ne sont pas creusées et portent quelques paires de pores séparés par un fort renflement granuliforme.

Périprocte ovale, acuminé aux deux extrémités, situé à moitié à peu près de la hauteur, au sommet d'une area évidée qui échancre plus ou moins le bord inférieur. Cette area est entourée de nodosités assez prononcées.

Fasciole péripétale à peine sinueux, passant à l'extrémité des ambulacres, très près du bord en avant, partout loin du sommet.

Tubercules remarquablement gros pour le genre; ils sont uniformément répandus et assez serrés sur toute la face supérieure, crénelés et perforés, entourés d'un cercle scrobiculaire. Ils n'augmentent pas de volume à la face inférieure. La granulation qui les accompagne est très dense et homogène, et remplit tout l'espace intermédiaire.

Rapports et différences. — On peut comparer l'*Hem. Auressensis* aux grands exemplaires de l'*Hem. Batnensis*. Dans le premier, la forme est plus élevée, plus uniformément déclive en avant et en arrière, le dessous est plus plat, les ambulacres postérieurs sont plus longs, l'ambulacre impair échancre plus sensiblement le bord; le périprocte, situé plus bas, se trouve dans une area moins étendue. Le développement bien plus considérable des tubercules suffirait à établir une différence facile à saisir, car ils donnent au test un aspect tout particulier. Ces gros tubercules, qui couvrent toute la face supérieure, pourraient aussi engager à rapprocher l'espèce que nous décrivons de l'*Hem. Lorioli*, et surtout du grand exemplaire que nous avons signalé particulièrement dans notre quatrième fascicule (1). L'*Hem. Lorioli* se dis-

(1) Page 128.

tinguera facilement par sa forme élargie sur les côtés, rétrécie en arrière, plus abrupte entre l'apex et le bord antérieur, par son sommet situé bien plus en avant, par son sillon ambulacraire impair plus étroit, plus profond, et échancrant bien plus fortement le bord. Le péristome est plus en arrière. En somme, il n'y a guère de commun entre ces deux espèces que le développement exceptionnel des tubercules et la forme des ambulacres pairs.

Localité. — Environs de Krenchela, dans le massif de l'Aurès.

M. Jullien, qui a recueilli tous nos exemplaires, les attribue à l'étage turonien.

Collections Jullien, Cotteau.

Explication des Figures. — Pl. III, fig. 1, *Hemiaster Auressensis*, de la coll. de M. Jullien, vu de côté; fig, 2, face sup.; fig. 3, face inf.; fig. 4, aire ambulacraire antérieure grossie; fig. 5, aire antérieure paire grossie.

Hemiaster Krenchelensis, Peron et Gauthier, 1880.

Pl. IV, fig. 1-4.

Long., 37 mill.	Larg., 31 mill	Haut., 23 mill.
— 46	— 43	— 26
— 59	— 48	— 31

Espèce de grande taille, arrondie plutôt qu'anguleuse au pourtour, sauf la partie postérieure, qui est tronquée carrément. Face supérieure déclive d'arrière en avant, le point culminant étant situé entre l'apex et la face postérieure; bord arrondi et renflé, dessous presque plat, le plastron interambulacraire n'étant presque pas saillant.

Sommet très sensiblement excentrique en arrière. Appareil apical élargi et peu allongé. Le corps madréporiforme, très peu développé, forme au centre une petite saillie spongieuse qu'on ne voit bien qu'à la loupe. Il est entouré par les pores génitaux, plus écartés en arrière qu'en avant et enfermés eux-mêmes entre les pores ocellaires.

Ambulacre impair logé dans un sillon bien nettement limité, à fond large et presque plat, partout d'égale largeur, sauf vers le bord, où il se rétrécit un peu. Ce sillon n'échancre que légèrement l'ambitus. Les zones porifères sont écartées l'une de l'autre, et l'espace qui les sépare est couvert de granules fins et uniformes, entremêlés de petits tubercules seulement vers le bas. Pores petits, allongés, disposés obliquement, séparés dans chaque paire par un fort renflement granuliforme. Ils sont très serrés et bien visibles jusqu'au fasciole péripétale.

Ambulacres pairs pétaloïdes, subflexueux, logés dans des sillons assez profonds, beaucoup plus longs en avant qu'en arrière. Zones porifères égales, formées de pores égaux entre eux, allongés, acuminés à la partie interne, conjugués par un sillon. Entre chaque paire se trouve un bourrelet portant une rangée de granules microscopiques. L'intervalle qui sépare les zones porifères, plus étroit que l'une d'elles, est couvert de granules assez distants et très petits.

Péristome peu éloigné du bord, presque à fleur du test, à lèvre postérieure saillante. De légéres dépressions qui l'entourent indiquent les aires ambulacraires ; elles portent des pores bien visibles, logés par paire dans un petit scrobicule, au milieu duquel une cloison saillante sépare les deux pores.

Périprocte ovale acuminé aux deux extrémités, placé presque au sommet d'une area verticale, légèrement déprimée, occasionnant un faible sinus au bord inférieur, et entourée de nodosités peu sensibles.

Fasciole péripétale large, bien marqué partout, passant à l'extrémité des ambulacres pairs, et, en avant, près du bord. Il est à peine sinueux sur les côtés.

Tubercules abondants sur toute la surface du test, uniformes en dessus, plus gros en dessous. Ils sont accompagnés de granules beaucoup plus fins, qui forment une ceinture subcirculaire autour de chacun d'eux.

Quelques petits radioles ont été conservés sur l'un de nos exemplaires. Ils sont grèles, acuminés, à bouton très saillant, et couvert de stries longitudinales bien prononcées.

Rapports et différences. — Par sa taille et sa forme générale, l'*Hem. Krenchelensis* se rapproche de l'*Hem. Batnensis* et de l'*Hem.*

Fourneli. Comparé à la première de ces deux espèces, il s'en distingue par son aspect rectangulaire, par sa face supérieure plus régulièrement déclive d'arrière en avant, par son sillon antérieur moins évasé, mais à fond plus large et échancrant moins sensiblement l'ambitus, par son périprocte placé un peu moins haut, et surtout par son sommet excentrique en arrière, d'où il résulte que les ambulacres postérieurs sont plus courts, l'ambulacre impair plus long; ce qui donne au test une physionomie toute différente. Comparé à l'*Hem. Fourneli*, il s'en éloigne par ses ambulacres postérieurs plus courts et un peu moins divergents, par sa face supérieure plus uniforme, moins renflée dans les grands exemplaires, beaucoup moins tourmentée et moins anguleuse, par sa carène dorsale moins accentuée, par son pourtour plus arrondi, par son sillon antérieur beaucoup moins évasé, par sa plus grande largeur plus en avant. Malgré de nombreuses affinités entre ces deux espèces, il est facile de les distinguer; l'aspect général est tout autre; mais il est plus commode de constater les différences par les yeux que de les décrire.

Localité. Krenchela. Recueilli par M. Jullien. — Assez rare. — Étage turonien.

Collections Jullien, Cotteau.

Explication des Figures. — Pl. IV, fig. 1, *Hemiaster Krenchelensis*, de la coll. Jullien, vu de côté; fig. 2, face sup.; fig. 3, face inf.; fig. 4, ambulacre antérieur et appareil apical grossis.

Hemiaster consobrinus, Peron et Gauthier, 1880.

Pl. III, fig. 6-10.

Long., 20 mill.	Larg., 16 mill.	Haut., 12 mill.
— 30	— 26	— 21

Espèce de taille moyenne, assez haute, allongée, à peine sinueuse au bord antérieur, rétrécie et tronquée très obliquement à la face postérieure. Face supérieure renflée, déclive en avant, fortement carénée dans l'aire interambulacraire impaire, où se trouve le point culminant. Pourtour ovale et convexe.

Sommet excentrique en avant. Appareil apical médiocrement élargi, à peu près carré. Les pores ocellaires sont très peu rapprochés des pores oviducaux ; le corps madréporiforme, rattaché à la plaque génitale antérieure de droite, occupe le centre de l'appareil.

Ambulacre impair logé dans un sillon étroit, assez profond à la face supérieure, à peine sensible au pourtour et jusqu'au péristome. Les paires de pores sont assez nombreuses, les pores petits, obliquement disposés et séparés par un renflement granuliforme. Le fond du sillon, presque plat, est couvert de granules fins et homogènes, qui ont une tendance à former des séries linéaires, à la fois verticales et horizontales. Quelques tubercules se montrent à l'endroit où le sillon s'atténue, au-dessus du fasciole péripétale.

Ambulacres pairs droits, subpétaloïdes, logés dans des sillons bien définis, assez profonds et carénés sur les bords ; les antérieurs un peu plus longs que les postérieurs. Zones porifères égales, relativement larges. Pores allongés, acuminés à la partie interne, égaux entre eux, conjugués par un sillon très exigu. La petite bande qui sépare les paires porte quelques granules très fins. L'espace interporifère est plus étroit que l'une des zones, à peu près lisse, portant de rares petits groupes de granules, surtout vers la partie inférieure.

Péristome assez éloigné du bord, presque au tiers antérieur, à fleur du test, arrondi en avant, terminé en arrière par une lèvre saillante. Les avenues ambulacraires, en y aboutissant, n'occasionnent aucune dépression, sauf l'ambulacre impair, qui est légèrement déprimé.

Périprocte placé presque au sommet de la face postérieure, qui est très haute et, comme nous l'avons dit, coupée très obliquement. L'area anale est grande, très plate quoique formant une légère sinuosité au bord inférieur ; elle est couverte d'une granulation fine d'où émergent quelques tubercules peu accentués. Fasciole péripétale large, sinueux sur les côtés, passant à l'extrémité des ambulacres.

Tubercules petits, irrégulièrement disséminés à la face supérieure, plus nombreux sur le bord des ambulacres; ils augmentent de volume à la face inférieure, surtout en avant.

Rapports et différences. -- Le type européen le plus voisin de l'*Hem. consobrinus* est l'*Epiaster crassissimus*, avec les jeunes duquel il a plusieurs convenances, telles que le bord antérieur à peine entamé par le sillon ambulacraire, la position du péristome, la face postérieure oblique. Il s'en éloigne par l'aspect bien plus anguleux de sa face supérieure, par ses ambulacres plus longs et logés dans des sillons plus profonds, par son rostre subanal moins rétréci et moins prolongé, et surtout par la présence d'un fasciole péripétale qui classe ces deux types dans des genres différents. D'ailleurs, la forme est sujette à quelques variations dans notre espèce; certains exemplaires sont plus élargis, et alors la ressemblance avec l'*Epiaster crassissimus* est moins sensible. Parmi les espèces algériennes, il se rapproche de l'*Hem. obliquetruncatus*, dont il se distingue par sa face postérieure plus étroite, plus haute et plus rapidement déclive, par sa longueur moins considérable, par ses sillons ambulacraires plus profonds, par son péristome plus grand. Il a aussi quelques analogies avec l'*Hem. Fourneli* et surtout avec l'*Hem. pseudofourneli*. Il se distingue facilement du premier par son aspect plus allongé, plus rétréci à l'arrière, par son ambulacre impair plus étroit, par son appareil apical plus carré et beaucoup moins large. Il s'éloigne de l'*Hem. pseudofourneli* par sa partie postérieure plus oblique, plus étroite et plus allongée, par son area anale plus plate, par ses ambulacres moins larges. En somme, cette espèce, qui semble tenir de plusieurs types à la fois, ne se rapporte bien à aucun; et ses caractères distinctifs étant constants, nous avons cru devoir la séparer de ses congénères.

Localité. — Batna, colline du Moulin-à-Vent. Zone à *Cyphosoma Schlumbergeri*, immédiatement au-dessous du banc à Hippurites.

Etage turonien. — Rare.

Collection Peron.

Explication des Figures. — Pl. III, fig. 6, *Hemiaster consobrinus*, de la coll. Peron, vu de côté; fig. 7, face sup.; fig. 8, face inf.; fig. 9, ambulacre antérieur grossi; fig. 10, ambulacre pair grossi.

HEMIASTER LATIGRUNDA, Peron et Gauthier, 1880.

Pl. V, fig. 1 5.

PERIASTER FOURNELI (pars.), Coquand, *Mém. de la Soc d'émul. de la Prov.*, t. II, pl. XXVI, fig. 15-16 (exclus les autres).

Long., 12 mill.	Larg., 12 mill.	Haut., 9 mill.
28	— 26	— 18
— 43	— 42	— 29

Espèce d'assez grande taille, plus ou moins élevée, polygonale, fortement anguleuse, profondément échancrée en avant, rétrécie et tronquée verticalement en arrière. Face supérieure inégale et tourmentée, toujours brusquement déclive en avant, plus ou moins inclinée en arrière, avec carène interambulacraire généralement aiguë. Le point culminant est au sommet apical, qui est excentrique en avant.

Appareil apical médiocrement développé, court et élargi. Les pores oviducaux sont très rapprochés d'arrière en avant, mais écartés dans le sens de la largeur. Les plaques génitales sont en contact et serrées l'une contre l'autre; les pores ocellaires peu éloignés; le corps madréporiforme, petit, mais saillant, occupe le centre.

Ambulacre impair logé dans un sillon large et profond. Zones porifères assez fortement écartées, formées de pores subvirgulaires, séparés dans chaque paire par un renflement granuliforme très saillant. L'espace intermédiaire est occupé par une granulation fine et homogène, sans tubercules, sauf vers la partie inférieure.

Ambulacres pairs très longs et très larges, logés dans des sillons profonds, les postérieurs à peine plus courts que les antérieurs. Les zones porifères ont jusqu'à trois millimètres de largeur. Pores allongés, acuminés à la partie interne, chaque paire étant séparée par un petit bourrelet qui porte une rangée de granules. L'espace interporifère, quoique plus étroit qu'une des zones, est encore assez étendu ; il est à peu près lisse, sauf de rares granules microscopiques.

Péristome à fleur du test, petit, placé à peu près au quart antérieur de la longueur totale, arrondi en avant, bordé en arrière d'une lèvre médiocrement saillante.

Périprocte ovale, à peine acuminé, placé au sommet d'une area évidée, large et montrant quelques nodosités sur les bords.

Fasciole péripétale sinueux, passant aux extrémités des ambulacres, très près du bord à la partie antérieure, relevé et anguleux au-dessus du périprocte.

Tubercules peu développés à la face supérieure, nombreux et irrégulièrement disséminés, plus gros et plus clairsemés en dessous. Granules très abondants, formant des cercles autour des tubercules.

Rapports et différences. — L'*Hem. latigrunda* a souvent été confondu dans les collections avec l'*Hem. Fourneli,* dont on le regardait comme une variété exagérée. Nous-mêmes avons longtemps hésité à ce sujet; mais les recherches de M. Durand, à Laghouat, nous ont procuré, et abondamment, des exemplaires de tous les âges, depuis huit millimètres de longueur jusqu'à la plus grande taille. Le type est parfaitement constant et offre à tout âge les mêmes différences avec la forme normale de l'*Hem. Fourneli.* L'*Hem. latigrunda* a toujours la face supérieure moins horizontale et souvent beaucoup plus élevée ; il présente à cette partie une courbe très prononcée, presque abrupte en avant, déclive en arrière et fréquemment avec une pente accentuée ; les aires ambulacraires sont bornées par une carène plus saillante au-dessus des sillons profonds et larges où s'étendent les longues zones porifères; le pourtour est beaucoup plus anguleux, plus entamé par le sillon antérieur. L'appareil apical est constamment moins large, moins développé, et les pores ocellaires sont moins éloignés des plaques génitales. Les autres détails, comme la longueur et la largeur des ambulacres, la disposition des pores, sont ceux de l'*Hem. Fourneli;* mais nous n'hésitons plus à séparer spécifiquement les exemplaires qui nous occupent, depuis que nous avons pu constater la persistance des caractères distinctifs dans les individus les plus jeunes comme dans les plus âgés. Dans le jeune âge, entre exemplaires de même taille appartenant à chaque espèce, la physionomie est encore plus différente que dans les grands individus.

On peut aussi comparer notre nouvelle espèce à l'*Hem. latisulcatus* (ou *Periaster*), Desor, du terrain nummulitique d'Égypte. Cette dernière espèce, que nous ne connaissons que par le moule en plâtre T. 8, présente un aspect qui n'est pas sans analogie avec l'*H. latigrunda,* par suite de l'énorme largeur des sillons ambulacraires ; mais elle est moins allongée, plus élargie, plus déprimée, et la face supérieure est moins tourmentée, les carènes interambulacraires étant moins saillantes.

Localité. — Tébessa, Laghouat (Tizigrarine), Krenchela, Batna (un exemplaire douteux). M. Coquand, qui a recueilli cette espèce sur place à Tébessa, la met dans son étage mornasien ; nous croyons aussi que la couche qui la renferme à Laghouat est inférieure au vrai sénonien. Nos renseignements sont moins précis pour Krenchela.

Etage turonien. — Assez abondant.

Collections Coquand, Peron, Cotteau, Gauthier, Jullien, Durand.

Explication des Figures. — Pl. V, fig. 1, *Hemiaster latigrunda*, de la coll. de M. Jullien, vu de côté ; fig. 2, face sup. ; fig. 3, face inf. ; fig. 4, ambulacre antérieur et appareil apical grossi ; fig. 5, autre exemplaire moins dilaté.

Hemiaster semicavatus, Peron et Gauthier, 1880.

Pl. IV, fig 5-8.

Long., 30 mill.	Larg., 29 mill.	Haut., 21 mill.
— 37	— 35	— 27

Espèce de taille moyenne, renflée, convexe à la partie supérieure, élargie et sinueuse en avant, tronquée carrément en arrière, avec face postérieure verticale ou légèrement oblique. Face inférieure pulvinée.

Sommet presque central. Appareil apical large et peu allongé. Les pores oviducaux, très rapprochés dans le sens longitudinal, sont écartés dans le sens transversal, surtout les postérieurs; la plaque madréporiforme occupe le centre.

Ambulacre impair logé dans un sillon de médiocre profondeur, ne formant qu'une sinuosité restreinte au bord antérieur. Zones porifères composées de pores virgulaires, obliquement disposés et séparés par un renflement granuliforme. L'espace intermédiaire est couvert de granules entremêlés de quelques tubercules.

Ambulacres pairs longs, droits, assez larges, les postérieurs presque égaux aux antérieurs et fortement divergents; ils sont logés dans des sillons peu profonds. Zones porifères plus larges que l'espace qui les sépare, égales entre elles. Les pores sont allongés, acuminés à leur extrémité interne, conjugués par un sillon très superficiel; la plaquette qui sépare chaque paire porte une rangée de granules.

Péristome petit, subpentagonal, avec lèvre saillante en arrière. Il est placé à fleur du test et environ au quart antérieur de la longueur totale.

Périprocte ovale, médiocrement ouvert, au sommet d'une area large et évidée.

Fasciole péripétale étroit et sinueux, passant à l'extrémité des ambulacres, assez près du bord.

Tubercules peu développés, augmentant de volume à la face inférieure; ils sont entourés d'une fine granulation.

Rapports et différences. — L'*Hem. semicavatus* possède plusieurs caractères communs avec l'*Hem. Fourneli* : l'appareil apical est le même; la disposition des pores ambulacraires est peu différente. Il s'en distingue par sa forme plus renflée, plus régulièrement convexe à la face supérieure, par ses ambulacres pairs plus divergents en arrière, par son sommet plus central, par sa partie postérieure toujours plus large, à troncature plus nette, entourée d'angles moins obtus. Certains exemplaires un peu plus allongés rappellent l'*H. latigrunda ;* ils s'en éloignent par leur appareil apical plus élargi, par leur sommet plus central, par leurs sillons ambulacraires constamment moins creusés. Des nombreux exemplaires que nous avons recueillis, aucun ne montre la face supérieure anguleuse et tourmentée qui caractérise

l'espèce avec laquelle nous les comparons. Les sillons ambulacraires ont plutôt une tendance à s'atténuer qu'à s'enfoncer dans le test. Ils n'en restent pas moins fort longs et, les postérieurs surtout, remarquablement droits.

Localité. — L'*Hemiaster semicavatus* n'a jusqu'à présent été recueilli que près du petit lac salé d'Aïn-Baïra, dans des couches que nous regardons comme devant faire partie de l'étage turonien. — Abondant.

Collections Peron, Gauthier, Cotteau, Le Mesle.

Explication des Figures. — Pl. IV, fig. 5, *Hemiaster semicavatus*, de la coll. de M. Gauthier, vu de côté; fig. 6, face sup.; fig. 7, face inf.; fig. 8, face anale.

Hemiaster Fourneli, Deshayes, 1847.

L'un de nous a recueilli aux environs de Batna, d'abord dans les couches à *Hemiaster africanus* du Moulin-à-Vent, puis dans la région ravinée qui sépare les petites collines de l'abattoir des derniers contreforts des montagnes des Haractas, un très grand nombre d'*Hemiaster* de formes et de dimensions très variées, dans lesquels, malgré des divergences parfois assez sensibles, nous avons cru reconnaître les principaux caractères de l'*Hemiaster Fourneli*.

Ceux qui proviennent des couches du Moulin-à-Vent, que nous considérons comme ligériennes, sont presque tous d'une taille considérable, tout-à-fait extraordinaire dans l'espèce qui nous occupe. Cependant, par leurs sillons ambulacraires longs et largement ouverts, par leur partie postérieure un peu resserrée et par tous leurs principaux caractères, ils nous ont paru avoir la plus grande analogie avec quelques individus de grande taille que nous avons recueillis à Medjès-el-Foukani et à Mezab-el-Messaï. Leur taille les rapproche davantage de l'*Hemiaster Batnensis*, mais ils s'éloignent de ce dernier, dont le gisement est inférieur, par leur forme beaucoup moins carrée et par beaucoup d'autres détails.

Ceux qui proviennent de la région au nord de Batna, au-delà

du cimetière, présentent beaucoup plus généralement la taille normale et les caractères principaux de l'*Hemiaster Fourneli*, type de Mezab-el-Messaï. Toutefois nous croyons devoir insister sur la fréquente incertitude de la forme dans ce groupe d'*Hemiaster*. Si quelques détails sont assez constants, tels que la disposition et l'aspect des zones porifères, la largeur de l'appareil apical, etc., les autres caractères semblent être un véritable défi aux lois ordinaires de l'analogie et de la parenté. Tantôt le test est plus renflé, plus épais; tantôt la face supérieure est presque horizontale, les sillons se creusent, les bords sont plus abruptes, ou bien la profondeur est fort médiocre, les carènes sont plus émoussées; des individus sont plus allongés, d'autres sont plus courts, et il n'est pas possible d'assigner aucune limite à ces variations, ni même d'établir des groupes entre ces individus divers, tous reliés entre eux comme une chaîne sans fin. Pour tous cependant, la physionomie rappelle le type de l'*Hemiaster Fourneli*, et lorsque nous avons voulu, par un examen minutieux, trouver quelques caractères distinctifs qui nous permissent de les séparer de cette espèce, nous nous sommes trouvés fort empêchés; toutes les divergences se sont pour ainsi dire fondues entre nos mains, et il nous est devenu impossible de détacher nos individus de Batna du type si variable lui-même qu'on rencontre en abondance aux Tamarins, à Medjès-el-Foukani, sur les bords de l'Oued-Djelfa, etc. Il semble qu'au début de l'espèce, la forme ait été plus flottante, plus indécise, plus transitoire en quelque sorte avec certaines espèces plus anciennes, alors que cependant ses caractères fondamentaux étaient déjà établis.

Nous ne donnerons ici ni la description ni les figures de l'*Hemiaster Fourneli;* nous nous réservons de le faire quand nous aborderons le niveau principal de cette espèce, c'est-à-dire l'étage santonien et les couches de Mezab-el-Messaï, où a été recueilli le type décrit par M. Bayle. Ces couches sont pour nous, comme nous l'avons dit déjà, supérieures au turonien. L'espèce y est partout toujours tres abondante et le type moyen beaucoup plus fixe et plus dominant. Aussi bien, l'*Hemiaster Fourneli* a une extension considérable. Il ne s'arrête pas encore dans le santonien, et nous retrouverons plus haut et jusque dans les couches de la craie supérieure des individus qu'il nous paraît bien difficile de séparer de cette espèce.

En ce qui concerne les échantillons de Batna, si nous sommes bien fixés sur la station des grands individus recueillis au Moulin-à-Vent et qui sont bien turoniens, nous ne le sommes pas autant sur ceux de la région nord. Ainsi que nous l'avons exprimé dans la notice stratigraphique, nous pensons qu'ils appartiennent également au turonien, mais c'est avec réserve que nous adoptons cette manière de voir.

RÉSUMÉ SUR LES HEMIASTER.

Le genre Hemiaster, si abondant dans les couches cénomaniennes, est encore largement représenté dans l'étage turonien. Nous en avons décrit huit espèces : *Hemiaster Africanus*, *H. oblique-truncatus*, *H. Auressensis*, *H. Krenchelensis*, *H. consobrinus*, *H. latigrunda*, *H. semicavatus*, *H. Fourneli*.

La première et la dernière de ces espèces ont déjà été décrites ailleurs; les six autres sont signalées pour la première fois.

Six de ces Hemiaster n'ont été recueillis jusqu'à présent que dans le département de Constantine; ce sont les *H. Africanus*, *oblique truncatus*, *Auressensis*, *Krenchelensis*, *consobrinus*, *semicavatus*. L'*Hemiaster latigrunda* se trouve dans le département d'Alger, à Laghouat. L'*H. Fourneli* est plus répandu, mais partout il paraît occuper un niveau plus élevé que celui que nous lui attribuons dans les environs de Batna.

Aucune de nos huit espèces n'a jusqu'à présent été signalée dans les gisements européens, sauf l'*H. Fourneli*, mais nous verrons plus tard que les oursins rattachés en France à cette espèce l'ont été à tort.

LINTHIA OBLONGA, Peron et Gauthier, 1880 (d'Orbigny, sp. 1854).

Exemplaires de taille moyenne, médiocrement élevés, allongés, sinueux et échancrés en avant, rétrécis en arrière, à face postérieure oblique. Face supérieure déprimée, arrondie en avant; dessous légèrement creusé autour du péristome, avec le plastron de l'aire interambulacraire impaire renflé.

Sommet apical excentrique en avant. Appareil élargi, composé de quatre plaques génitales en contact, granuleuses, largement perforées, et de cinq plaques ocellaires très petites, intercalées dans les angles des premières. Le corps madréporiforme occupe le centre et se rattache à la plaque génitale antérieure de droite.

Ambulacre impair logé dans un sillon de profondeur médiocre, évasé sur les bords. Pores petits, arrondis, obliquement disposés dans chaque paire, séparés par un renflement granuliforme très prononcé dans les exemplaires bien conservés, mais disparaissant facilement à la moindre usure du test. L'espace interporifère est couvert par une granulation assez homogène et très abondante, avec tendance à former des séries horizontales de granules.

Ambulacres pairs presque égaux en longueur, les postérieurs un peu plus courts, logés dans des sillons assez profonds et bien définis. Zones porifères égales. Pores allongés, acuminés à leur partie interne, conjugués par un sillon très superficiel et visible seulement dans les exemplaires en bon état. Une rangée de petits granules s'étend entre chaque paire de pores. L'espace qui sépare les zones porifères est plus étroit que l'une d'elles et paraît nu.

Péristome assez éloigné du bord, ovale, avec lèvre postérieure saillante, mais peu acuminée. Il est entouré de dépressions plus ou moins accentuées, formées par le prolongement des aires ambulacraires, qui montrent des pores disposés par paires assez nombreuses près de l'ouverture buccale, puis plus espacées, mais faciles à suivre, jusqu'à la partie pétaloïde.

Périprocte étroit, ovale, placé au sommet de la face postérieure, dans une area bien définie, et terminée, surtout vers le bas, par des nodosités plus ou moins prononcées.

Fasciole péripétale assez large, un peu sinueux sur les côtés, passant à l'extrémité des ambulacres. Fasciole latéral plus étroit, peu marqué, souvent indécis, s'écartant médiocrement du pre-

mier, dont il se détache, un peu en arrière des ambulacres pairs antérieurs.

Tubercules petits et assez uniformes en dessus, beaucoup plus gros et plus espacés à la partie inférieure. Granules homogènes, entourant les tubercules.

Rapports et différences. — La description que nous venons de donner concorde parfaitement avec celle de d'Orbigny, et nos exemplaires ont la plus grande ressemblance avec les figures que ce savant a produites (1). La présence du *Linthia oblonga* en Algérie n'a d'ailleurs rien d'étonnant, car les couches à Radiolites du mont Garèbe, en Egypte, d'où provient l'exemplaire type, renferment plusieurs espèces analogues à celles que nous avons recueillies dans la région des Hauts-Plateaux. Cependant nous devons ajouter que la forme est sujette à certaines variations ; elle s'allonge quelquefois et se retrécit en même temps, mais dans des limites qui permettent de n'y voir que des divergences individuelles. Les exemplaires recueillis dans la Charente offrent la même physionomie que les nôtres, et subissent aussi quelqus variations dans leur forme plus ou moins anguleuse, dans leurs sillons ambulacraires plus ou moins profonds. Nous sommes néanmoins parfaitement d'avis qu'il n'y a là qu'un seul type, qui, vu sa grande extension géographique, varie certainement beaucoup moins que d'autres espèces algériennes dans une même localité.

Localité. — Batna, collines du Moulin-à-Vent.

Etage turonien. — Assez rare.

Collection Peron.

Linthia Verneuili, Peron et Gauthier, 1880. (Desor, sp. 1847.)

Quelques-uns des exemplaires recueillis à Batna nous paraissent devoir être rapportés au *Linthia Verneuili*. Nous les avons minutieusement comparés avec de très nombreux individus provenant de La Bedoule (Bouches-du-Rhône) et du Revest, près de

(1) *Paléont. franç.*, Terrains crétacés, t. VI, p. 275, pl. 900.

Toulon, où cette espèce est fort commune. Plusieurs de nos exemplaires algériens sont parfaitement identiques pour la physionomie générale, pour la longueur et la profondeur des ambulacres, les pores allongés, la position du sommet tantôt subcentral, tantôt légèrement excentrique en avant, pour la place occupée par le péristome et le périprocte. Le fasciole latéral est bien visible sur quelques-uns; sur d'autres il est incertain, interrompu, rudimentaire : c'est encore un caractère de plus concordant avec le type européen, qu'on a longtemps attribué au genre *Hemiaster*, et qui, depuis que M. Munier-Chalmas a signalé (1) la présence d'un fasciole latéral sur quelques individus, tandis que d'autres semblent en être dépourvus, est à cheval sur les genres *Hemiaster* et *Linthia*. Mais nos exemplaires algériens présentent d'assez grandes variations de forme ; ce qui, du reste, est aussi le cas de ceux qu'on recueille à Fumel, à Châtellerault, à La Bedoule. Nous avons donc été fort embarrassés pour trouver les limites exactes de l'espèce. Quelques exemplaires ont une grande similitude de forme avec l'*H. pseudofourneli*, et nous n'aurions pas hésité à les réunir à cette espèce, s'ils n'avaient pas été pourvus d'un fasciole latéral, caractère que nous n'avons jamais constaté pour l'*Hemiaster* précité, qui, du reste, appartient à un horizon inférieur. D'autres, plus allongés, semblent indiquer une transition avec le *Linthia oblonga*, qu'on rencontre dans la même localité. Nous ne parlons d'ailleurs que des individus ayant un double fasciole; il se peut cependant que, comme en France, quelques-uns ne montrent que le fasciole péripétale. Quant à ceux-là, s'il en existe, il nous paraît impossible de pouvoir établir nettement leur affinité spécifique, au milieu des innombrables exemplaires de l'*H. Fourneli*, et des variations de forme que présente cette espèce. Nous nous contentons, par conséquent, de constater que le *Linthia Verneuili* existe en Algérie, parfaitement identique à certains types recueillis en France; mais que, moins heureux que les auteurs qui ont pu préciser les limites de l'espèce dans les gisements français, grâce à l'avantage de n'y point rencontrer

(1) *Biblioth. de l'Ecole des hautes Etudes*, t. XII, p. 128.

l'*H. Fourneli*, nous n'avons pas su trouver le point précis où nous devions nous arrêter. Nous laissons cette tâche à d'autres plus clairvoyants ou plus heureux.

Localité. — Batna, collines du Moulin-à-Vent.

Etage turonien.

Collection Peron.

RÉSUMÉ SUR LES LINTHIA.

Le genre Linthia ne nous a offert que deux espèces dans les couches de l'étage turonien : *L. oblonga* et *L. Verneuili.*

Toutes deux ont été décrites par d'autres auteurs avant la publication de cet ouvrage.

Toutes deux ont été recueillie dans des gisements européens, et notamment dans l'Ouest et le Sud-Est de la France, à peu près au même horizon.

En Algérie, elles n'ont été rencontrées jusqu'à présent que dans le département de Constantine, dans la région des Hauts-Plateaux.

Pyrina Durandi, Peron et Gauthier, 1880.

Pl. V, fig. 6 12

Long.,	9 mill.	Larg.,	8 mill.	Haut.,	7
—	14	—	13	—	9
—	19	—	17	—	11
—	29	—	25	—	16

Espèce de taille moyenne, élargie en avant, plus étroite en arrière, renflée à la partie supérieure, pulvinée en dessous, non déprimée autour du péristome.

Appareil apical de forme allongée, peu étendu. Les quatre plaques génitales sont subpentagonales, les postérieures un peu plus écartées que les autres. Les plaques ocellaires paires, qui terminent les ambulacres antérieurs, s'intercalent dans les angles, tandis que celles des ambulacres postérieurs s'alignent en arrière. Toutes sont peu développées.

Aires ambulacraires médiocrement élargies, se prolongeant

sans interruption du sommet au péristome. Zones porifères superficielles, étroites, formées de pores arrondis et disposés par simples paires très régulièrement alignées, ne se multipliant pas près du péristome. Zone interporifère portant un assez grand nombre de tubercules peu développés, scrobiculés. Ces tubercules forment des rangées verticales peu régulières, sauf les extérieures, et à l'ambitus on peut en compter quatre ou six, selon la taille des individus.

Aires interambulacraires larges, moins rétrécies aux abords du péristome que les aires ambulacraires, portant des tubercules semblables à ceux de la zone interporifère, ayant comme eux une tendance à s'aligner en rangées verticales, écartées et peu régulières. Entre les tubercules une granulation très dense, homogène, assez grossière, couvre toute la surface du test.

Péristome à peu près central, allongé, étroit, acuminé aux extrémités, oblique de droite à gauche.

Périprocte placé au milieu de la face postérieure, plutôt au-dessus qu'au-dessous, pyriforme, acuminé à la partie supérieure, plus large en bas. Les deux rangées principales des tubercules de l'aire interambulacraire postérieure s'écartent pour passer de chaque côté du périprocte, et d'autres tubercules l'entourent comme d'une bordure qui en suit presque partout le pourtour.

Rapports et différences. — Nous avons entre les mains des exemplaires de toutes les tailles, depuis six millimètres de longueur jusqu'à vingt-neuf. Ils présentent tous une uniformité remarquable dans leurs proportions et leurs détails, sauf que les plus jeunes sont relativement plus élevés. Le *Pyrina Durandi* peut être comparé au *Pyr. ovalis* d'Orbigny. Il en diffère par sa forme plus élargie en avant, moins régulièrement ovale, par sa plus grande hauteur, par sa face inférieure moins déprimée. On peut aussi le rapprocher du *Pyr. Ataxensis* Cotteau. Le périprocte est placé plus haut dans notre espèce, la forme est moins allongée, les tubercules moins nombreux. Le *Pyr. ovulum* rappelle encore la physionomie du *Pyr. Durandi;* mais il s'en éloigne plus que les précédents par son aspect beaucoup moins large, par son axe antéro-postérieur beaucoup plus long. Parmi les espèces

algériennes, les *Pyr. crucifera*, *Pyr. Tunisiensis*, décrits dans notre fascicule précédent, pourraient avoir quelque analogie de forme avec l'espèce de Laghouat; mais la position bien plus inférieure de leur périprocte suffit pour exclure toute idée d'assimilation.

Localité. — Le *Pyr. Durandi* n'a été rencontré jusqu'à présent qu'à Laghouat, département d'Alger, dans un massif appelé le Rocher des Chiens, où il est assez abondant. Les fossiles sont complétement empâtés dans cette roche très dure, et on ne parvient à les dégager qu'à l'acide, et avec beaucoup de patience et d'adresse. Tous les exemplaires que nous avons pu étudier ont été recueillis par M. le commandant Durand, à qui nous nous faisons un plaisir de dédier l'espèce.

Collection Durand.

Explication des Figures. — Pl. V, fig. 6, *Pyrina Durandi*, de la coll. de M. Durand, vu de côté; fig. 7, face sup.; fig. 8, face post.; fig. 9, autre exemplaire plus petit, de la coll. de M. Gauthier, vu sur la face sup.; fig. 10, face inf.; fig. 11, face post.; fig. 12, aire ambulacraire et appareil apical grossis.

Echinoconus carcharias, Coquand, 1868.

Pl. VI, fig. 1 et 2, et pl. VII, fig. 1 et 2.

Echinoconus carcharias, Hardouin, *Sur la Géol de la subd. de Constantine*, Bull. de la Soc. géol., t. XXV, p. 340, 1868.
— — Cotteau, *Echin. nouv. ou peu connus*, p. 156, pl. XXI, fig 10-11, 1872.

Long., 77 mill.	Larg., 72 mill.	Haut., 55 mill.
— 86	— 81	— 68

Espèce de très grande taille, très haute, arrondie ou subpentagonale à la base, un peu plus large en avant qu'en arrière. La face supérieure, très renflée, se termine à peu près en forme de calotte hémisphérique, tandis que les côtés tombent verticalement. Bord arrondi, non tranchant. Face inférieure à peu près plate. Le test est très épais partout, mais surtout en-dessous.

Sommet à peu près central. Appareil apical assez développé,

composé de quatre plaques génitales et de cinq plaques ocellaires. Le corps madréporiforme occupe le centre; il est renflé et d'apparence spongieuse. Les neuf pores se groupent autour, à peu près à égale distance, formant une sorte d'ellipse élargie en avant.

Aires ambulacraires de médiocre largeur, superficielles. Zones porifères droites, formées à la partie supérieure de paires de pores très serrées et très régulièrement superposées en séries simples. Les pores sont petits, arrondis, très rapprochés dans chaque paire. A la partie inférieure, la disposition de la zone porifère est toute différente : en contournant le bord, les paires rompent tout de suite l'alignement et, presque aussitôt, se dédoublent; puis, avant même d'être arrivées à la moitié de la distance qui sépare le bord du péristome, elles forment dans chaque zone trois rangées bien distinctes qui se continuent régulièrement jusqu'à l'ouverture buccale. L'espace interporifère porte de six à huit rangées verticales et mal alignées de tubercules qui se distinguent à peine de la granulation environnante.

Aires interambulacraires larges partout, sensiblement plus développées autour du péristome que les aires ambulacraires. Elles sont couvertes de tubercules semblables à ceux des ambulacres, rapprochés, scrobiculés, égaux sur toute la partie supérieure, disséminés sans ordre apparent. L'intervalle qui sépare ces tubercules est occupé par une granulation très remarquable. Les granules sont gros relativement, homogènes, très denses. Sur certains exemplaires, les cercles scrobiculaires sont presque effacés, on ne distingue plus guère les tubercules des granules, et le test prend alors cet aspect chagriné qui l'a fait comparer par M. Coquand à une peau de requin. A la face inférieure, les tubercules sont plus gros, plus serrés et les scrobicules plus accentués.

Péristome central, à fleur du test ou dans une très légère dépression, irrégulièrement ovale, nettement oblique.

Périprocte allongé, acuminé aux deux extrémités, supramarginal, placé environ à six millimètres au-dessus du bord.

Rapports et différences. — L'*Echinoconus carcharias* a déjà été soigneusement décrit, mais incomplétement figuré par l'un de nous. Nous avons pu depuis nous procurer de nouveaux exemplaires plus complets que les premiers, où l'on ne pouvait voir le péristome, et celui que nous venons de décrire n'est pas le même que M. Cotteau décrivait, il y a sept ans. Tous d'ailleurs sont parfaitement identiques; la forme est bien constante; les jeunes seuls sont un peu plus coniques. La granulation varie légèrement, en ce que, selon les individus, les tubercules scrobiculés sont plus ou moins nombreux. Comme taille, c'est la plus grande espèce du genre ; et, n'étaient les différences génériques, l'aspect est celui de certains grands *Conoclypeus*. Cette grande taille, la position supramarginale du périprocte ne permettent de rapprocher l'*Echinoconus carcharias* d'aucun de ses congénéres, à l'exception de l'*Ech. Cairoli* Cotteau, recueilli dans les Corbières. Ces deux types sont très voisins ; les seules différences à constater, c'est que dans l'*Ech. carcharias* la forme est un peu moins pentagonale, plus arrondie sur les bords, la granulation beaucoup plus dense, plus accentuée, et surtout le périprocte est placé sensiblement plus bas. Par là, les deux espèces sont faciles à distinguer; nous ferons observer cependant que l'*Ech. Cairoli* n'est jusqu'à présent connu que par un seul exemplaire, et que si, plus tard, on en rencontrait un plus grand nombre, il pourrait se faire qu'on fût amené à une réunion des deux types qui n'est pas possible pour le moment.

La multiplication des pores à la face inférieure, et leur disposition si nette en triple rangée, caractère qui se reproduit également dans l'*Echinoconus Cairoli*, avait un moment embarrassé le premier de nous qui a décrit ces deux espèces. Mais ce fait n'a rien d'extraordinaire dans le genre *Echinoconus;* nous pourrions même dire que c'est un des caractères primitifs de ces échinides, car l'espèce la plus ancienne de toutes, l'*Ech. Soubellensis*, que nous avons décrit dans cet ouvrage (1), et qui appartient à l'étage néocomien, montre ce caractère d'une manière remarquable, bien que la taille en soit plus petite, et ne puisse être comparée à celle de l'espèce présente. Si cette multiplication des pores n'est

(1) Deuxième fascicule, p. 80, pl. XI.

pas restée la règle pour la plupart des espèces, sur beaucoup on peut remarquer encore une tendance des paires à se dédoubler sur les bords du péristome, notamment chez l'*Ech. conicus*, dont les pores affectent une disposition trigéminée.

Localité. — Les exemplaires que nous avons entre les mains ont été recueillis par M. Jullien à Krenchela, dans des couches que ce géologue, à qui nous devons tant de précieuses communications, attribue à l'étage turonien. Ceux de la collection Coquand, qui proviennent des environs de Tébessa, ont été donnés à notre savant collègue par des officiers qui n'ont pu fournir que des renseignements vagues sur l'horizon où ils les avaient recueillis. Les échantillons de la collection de l'École des mines portent comme indication l'Oued Chabro et le Djebel Troubia; ils ont été en grande partie recueillis par M. Hardouin, qui cite comme gisements de l'espèce, dans le mémoire indiqué plus haut, Krenchela et Kroum-Saïd, et les attribue au cénomanien. Il y a lieu de remarquer que cet observateur a placé dans cet étage cénomanien un grand nombre de fossiles appartenant à des horizons tout différents, notamment tous ceux des couches santoniennes à *Hem. Fourneli* et même des fossiles de l'urgo-aptien. Nous n'avons pas pu nous assurer par nous-mêmes du véritable gisement de l'*Ech. carcharias;* peut être appartient-il au vrai santonien; dans le doute, nous le laissons dans l'étage où l'a placé M. Jullien, qui l'a recueilli à Krenchela dans un banc calcaire où il est abondant, mais mal conservé, dans la zone du *Ceratites Fourneli.*

Collections Jullien, Coquand, Cotteau, École des mines.

Explication des Figures. — Pl. VI, fig. 1, *Echinoconus carcharias*, de la coll. de M. Jullien, vu de côté; fig. 2, face sup. — Pl. VII, fig. 1, *Echinoconus carcharias*, de la coll. de M. Jullien, vu sur la face inf.; fig. 2, plaque interambulacraire grossie.

HOLECTYPUS JULLIENI, Peron et Gauthier, 1880.

Pl. VI, fig.3-7.

Diamètre, 24 mill.	Hauteur, 11 mill.	Diam. du péristome, 7
— 27	— 17	
— 28	— 13	
— 35	— 15	

Espèce de taille moyenne, de forme variable, plus ou moins élevée, parfois subconique, à pourtour circulaire ou légèrement pentagonal. Le dessous est plat près du bord, mais fortement déprimé autour du péristome.

Appareil apical peu développé. Le corps madréporiforme occupe le centre, où il forme, dans les exemplaires bien conservés, un petit bouton saillant. Les cinq plaques génitales et les cinq plaques ocellaires l'entourent, de manière que les dix pores forment, à peu près à égale distance, un cercle assez régulier.

Ambulacres à fleur du test, parfois légèrement saillants au bord inférieur, surtout dans les exemplaires qui affectent une forme subpentagonale. Ils sont relativement peu étendus en largeur. Zones porifères droites du sommet au péristome, superficielles, très étroites. Pores arrondis, disposés par simples paires directement superposées, un peu obliques entre eux. Ils ne se multiplient pas près du péristome.

Aires .interambulacraires larges. Les plaques coronales les plus développées correspondent à peine à quatre plaquettes ambulacraires. La face supérieure paraît tout entière presque nue et lisse. Cet aspect est dû peut-être en partie à l'usure du test; néanmoins les tubercules étaient peu nombreux et très fins dans cette espèce. Ils forment deux rangées principales portées par un très léger renflement caréniforme, comprenant des tubercules à peine visibles à l'œil nu, plus sensibles cependant près du sommet. Tubercules secondaires extrêmement petits, formant à l'ambitus, avec les tubercules principaux, jusqu'à seize rangées verticales dans l'aire interambulacraire, et six au moins dans les aires ambulacraires. Mais ces rangées s'effacent presque aussitôt; les tubercules diminuent ou disparaissent, et les deux seules rangées principales atteignent le sommet. Les granules qui entourent les tubercules ne peuvent se distinguer qu'avec une forte loupe. Ils forment sur le bord des plaques coronales des séries horizontales très indécises, qui semblent s'éteindre à chaque instant, pour reparaître un peu plus loin. Cette dénudation de la face supérieure est parfaitement constante sur tous nos exemplaires. A la face inférieure, les tubercules augmentent de volume, sont très saillants, et forment en même temps des séries longitudinales très régulières, et des cercles concentriques bien dessinés. Le nombre des rangées diminue très rapidement en approchant du péristome.

Péristome situé dans une dépression profonde, de proportions médiocres, arrondi, subdécagonal. Le pourtour montre dix entailles assez accusées.

Périprocte ovale, inframarginal, s'étendant jusqu'au bord. Dans notre exemplaire de 24 millimètres, il ne commence qu'à trois millimètres du péristome. Ce même exemplaire, le seul dont la face inférieure soit complétement dégagée, a conservé toutes les plaquettes qui entouraient l'anus. Comme ce cas est extrêmement rare, nous croyons devoir nous y arrêter un moment. Treize plaquettes occupent le pourtour ; elles sont irrégulières, anguleuses, inégales, et augmentent en étendue à mesure qu'elles s'éloignent du péristome, de sorte que la plus grande est la plus rapprochée du bord. Nous avons signalé dans notre cinquième fascicule (1) que sur un de nos exemplaires de l'*Holectypus excisus* le périprocte était terminé à la partie supérieure par une petite plaque triangulaire : il n'y a rien de semblable ici; la petite plaquette triangulaire est remplacée par une grande plaque pentagone très irrégulière. Une seconde série de plaquettes, moins disparates que les premières, mais toujours de formes très variées, se rangent à l'intérieur des plus grandes; puis quatre ou cinq autres, plus petites encore, occupent le centre. Les plus réduites avoisinaient l'orifice anal, qui s'ouvrait près de l'extrémité interne. Quelques-unes de ces dernières plaquettes doivent manquer sur notre exemplaire ; le nombre total

(1) Page 170.

était de trente environ. Les plus grandes sont couvertes de tubercules aussi développés que tous ceux de la face inférieure, mais non alignés avec eux.

Rapports et différences. — La forme subconique de quelques-uns de nos exemplaires semble rapprocher l'*Hol. Jullieni* de l'*Hol. Turonensis* Desor. Il s'en distingue par son bord moins épais généralement. par son périprocte moins développé, par ses tubercules moins nombreux, moins saillants à la face supérieure, plus gros à la face inférieure, par sa granulation plus indécise. Il est encore plus voisin de l'*Hol. serialis* Deshayes, qu'on trouve en Algérie à un horizon un peu plus élevé. La face inférieure est à peu près la même, mais la face supérieure est bien différente. Le bord est moins tranchant, et les tubercules sont loin de présenter ces lignes si bien accusées qui ont valu à l'espèce santonienne le nom spécifique de *serialis*. L'appareil apical est moins étendu, et l'on ne voit pas, près du péristome, ces petites fossettes, en dehors de la zone porifère, qui caractérisent l'espèce précitée. Nous reviendrons d'ailleurs sur ces différences quand nous décrirons l'*Hol. serialis*. Nous nous contentons d'indiquer aujourd'hui les principales, et elles nous semblent suffisantes pour séparer deux types voisins dans un genre si difficile.

Localité. — Krenchela.

Etage turonien, d'après M. Jullien.

Collection Jullien, Cotteau.

Explication des Figures. — Pl. VI, fig 3, *Holectypus Jullieni*, de la coll. de M. Jullien, vu de côté; fig. 4, face sup.; fig. 5, face inf.; fig. 6, plaque interambulacraire prise vers l'ambitus, grossie; fig. 7, plaques périanales grossies.

Holectypus Turonensis, Desor, 1847.

Exemplaires de taille variable, de forme généralement subconique à la face supérieure, à bord renflé, à face inférieure plus ou moins concave.

Appareil apical peu développé, composé de cinq plaques génitales perforées et de cinq plaques ocellaires. Toutes sont de petite dimension. Le corps madréporiforme occupe le centre, où il forme une légère saillie d'apparence spongieuse.

Aires ambulacraires à fleur du test, relativement assez larges. Zones porifères à peu près superficielles, étroites, formées de pores disposés régulièrement par simples paires, petits, arrondis, obliques entre eux. A la face inférieure, les séries sont moins régulières, les paires s'espacent et dévient de la ligne droite aux approches du péristome. Les plaquettes qui portent les pores sont longues et étroites, n'excédant pas en largeur, même sur nos plus grands exemplaires, un tiers de millimètre. L'espace interporifère est couvert de tubercules très fins à la partie supérieure, un peu plus gros à l'ambitus, formant jusqu'à huit rangées verticales. Ces rangées disparaissent successivement à la face supérieure, et deux seulement arrivent jusqu'au sommet.

Aires interambulacraires atteignant en hauteur à peu près le double des aires ambulacraires, portant comme elles des rangées verticales de tubercules, au nombre de vingt dans les grands exemplaires. Ces tubercules forment en même temps des séries horizontales régulières. A la face inférieure, ils augmentent un peu de volume, diminuent en nombre près du péristome, et prennent une disposition concentrique remarquable. Granules intermédiaires entourant partout les tubercules et formant entre eux un réseau délicat et compliqué de lignes extrêmement fines.

Péristome de médiocre étendue, placé dans une dépression du test plus ou moins profonde, subdécagonal, marqué d'entailles bien visibles.

Périprocte grand, ovale, acuminé aux extrémités, occupant tout l'espace entre le péristome et le bord.

Rapports et différences. — Les exemplaires algériens de l'*Holectypus Turonensis* reproduisent exactement tous les caractères de ceux qu'on a recueillis en Europe, sauf que le périprocte échancre rarement le bord; ce qui, au contraire, est le cas le plus commun pour les individus que nous avons rencontrés dans la Sarthe, dans les Bouches-du-Rhône et ailleurs. Mais cette divergence est trop peu considérable pour que nous puissions y voir autre chose qu'une variété locale, les deux types étant parfaitement identiques pour tout le reste. Comparé à l'*Hol. serialis*, l'*Hol. Turonensis* s'en distingue par ses séries de tubercules plus nombreuses, par ses tubercules moins gros, surtout à la face inférieure, par son bord plus renflé, par sa forme plus généralement conique, par sa granulation tout autrement disposée. Nous avons précisé, en décrivant l'*Hol. Jullieni*, les caractères qui séparent ces deux espèces, et qui ne sont pas moins importants que ceux qui distinguent l'*Hol. Turonensis* de l'*Hol. serialis*.

Localité. — Nous avons entre les mains sept exemplaires de l'*Hol. Turonensis;* tous appartiennent à la collection de M. Coquand, qui les a recueillis à Tebessa, dans des couches qu'il rapporte à son étage angoumien.

Collection Coquand.

RÉSUMÉ SUR LES HOLECTYPUS.

Deux espèces seulement, appartenant au genre Holectypus, ont été rencontrées dans l'étage turonien de l'Algérie : *Hol. Jullieni* et *Hol. Turonensis*.

Le premier était inédit avant nos travaux, et n'a encore été recueilli que dans le département de Constantine, dans la région des Hauts-Plateaux. Le second est connu depuis longtemps, et se trouve aussi en Europe, au même niveau géologique.

Cidaris subvesiculosa, d'Orbigny, 1850.

Un exemplaire, assez mal conservé d'ailleurs, recueilli par M. Jullien dans des couches attribuées par lui au turonien, nous paraît se rapporter complétement au *Cidaris subvesiculosa*.

Forme haute, arrondie au pourtour, déprimée également en dessus et en dessous. Zones porifères étroites, subflexueuses. Pores petits, un peu allongés, séparés par un fort renflement granuliforme. Zone interporifère large relativement, subonduleuse, surtout près du sommet, portant quatre rangées bien définies de petits granules, et, au milieu, deux autres rangées moins régulières, qu'on ne voit guère qu'à l'ambitus.

Aires interambulacraires portant deux rangées de gros tubercules perforés, non crénelés, au nombre de huit à neuf par série. Scrobicules elliptiques, peu creusés, entourés d'un cercle de gros granules. Les tubercules ne diminuent pas de volume en approchant du sommet, sauf le dernier, qui est un peu moins accentué. Zone miliaire large, nettement séparée en deux parties verticales par la suture médiane. Elle est presque partout d'égale largeur, et ne se rétrécit que près du sommet et du péristome. Les granules sont assez abondants, grossiers, et s'alignent plus ou moins régulièrement en séries horizontales.

Péristome peu développé, subcirculaire.

L'état de notre unique exemplaire ne nous permet pas de décrire la partie supérieure.

Rapports et différences. — Les détails que nous venons d'énumérer conviennent bien à certaines variétés du *Cid. subvesiculosa* qu'on rencontre en France. Au milieu des nombreuses différences de formes que l'on constate dans les exemplaires européens, il reste quelques caractères constants, tels que la disposition des granules ambulacraires, le nombre et la grosseur des tubercules ne diminuant pas à la partie supérieure, la largeur de la zone miliaire, le médiocre développement du péristome. Tous ces caractères se retrouvent sur notre échantillon algérien. Comparé à une longue série d'individus recueillis dans la Touraine, c'est du type moyen qu'il se rapproche le plus; et il diffère beaucoup moins d'aspect avec quelques-uns de nos exemplaires, que ne diffèrent entre elles les variétés nombreuses rencontrées dans une seule localité, à Cangey, par exemple.

Localité. — Krenchela. Etage turonien, selon M. Jullien; ce qui n'a rien d'étonnant comme position stratigraphique, cette espèce se trouvant aussi en France au même horizon. Toutefois, la station la plus ordinaire est l'étage santonien.

Collection Jullien.

Rhabdocidaris subvenulosa, Peron et Gauthier, 1880.

Pl. VII, fig. 3 6.

Espèce de haute taille variant dans sa hauteur, très élargie au pourtour, mais peu renflée à la partie inférieure.

Aires ambulacraires droites, de largeur presque partout égale. Zones porifères à peine onduleuses, larges et déprimées. Les pores extérieurs sont allongés et acuminés, les intérieurs de forme ovale; ils sont conjugués par un sillon étranglé au milieu, et bordé d'un petit bourrelet qui se prolonge sur le bord des aires. La zone interporifère est relativement étroite, car elle n'excède guère une des zones porifères; elle ne se rétrécit point, sauf aux deux extrémités où elle diminue insensiblement. Elle est bordée de chaque côté par une rangée très régulière de gros granules mamelonnés et très serrés. A l'intérieur de ces deux rangées principales s'en trouvent d'autres moins bien alignées, au nombre de six dans notre plus grand exemplaire. Elles sont formées par des granules très fins, au milieu desquels on distingue un grand nombre de verrues microscopiques et disposées sans ordre.

Aires interambulacraires très étendues, portant deux rangées de gros tubercules très serrés, au nombre probablement de treize ou quatorze par série. Ils sont fortement mamelonnés, sans aucune crénelure, perforés, et semblent à peine diminuer de grosseur à la face supérieure. Scrobicules presque rectangulaires, entourés d'une ceinture très elliptique de granules saillants, beaucoup plus développés que le reste de la granulation. Zone miliaire d'abord restreinte près du péristome, puis s'élargissant rapidement au point d'excéder un centimètre sur les grands exemplaires. Elle ne semble pas se rétrécir beaucoup à la partie supérieure; malheureusement, l'état de nos exemplaires ne nous a pas permis de bien constater ce dernier détail. Les granules sont très uniformes, très serrés, et ne laissent aucun espace intermédiaire. Ils sont fins et ont une tendance bien marquée à former des séries linéaires horizontales.

Péristome rond, presque à fleur du test, de proportions médiocres, sans entailles au pourtour.

Nous ne possédons que des fragments incomplets de cette magnifique espèce; mais ils sont assez considérables et assez bien conservés pour que nous ayons pu en donner une description détaillée. Les quelques parties qui nous manquent ont peu d'importance; nous avons même pu nous rendre exactement compte de la physionomie à l'aide d'un individu usé, sans doute, mais entier et sans déformation (1).

Rapports et différences. — L'espèce que nous décrivons ici a les plus grandes convenances avec le *Rhabdocidaris venulosa* (2). L'aspect général, la disproportion des ambulacres, la largeur de la zone miliaire, les tubercules non crénelés, sont autant de caractères qui leur sont communs. Les exemplaires algériens se distinguent par la zone interporifère de leurs ambulacres, qui portent des rangées beaucoup plus nombreuses de granules, puisque, même sur un individu de taille inférieure, nous avons huit rangées au lieu de quatre. La zone miliaire paraît plus large au milieu, plus rétrécie à la partie inférieure; les scrobicules sont moins étendus et les granules plus serrés. Ces différences sont plus que suffisantes pour motiver la séparation spécifique, d'autant plus qu'il y aurait quelque témérité à identifier nos fragments, à moins d'une certitude absolue, avec une espèce dont le gisement et même le terrain sont absolument inconnus.

Comparé au *Rhabd. Pouyannei*, que nous avons cité dans l'étage cénomanien, le *Rhabd. subvenulosa* s'en distingue facilement : les tubercules sont plus nombreux et plus serrés, absolument dépourvus de crénelures; les scrobicules sont plus elliptiques, les zones porifères beaucoup plus larges, tandis que la zone interporifère est plus étroite et porte des granules moins régulièrement alignés. La disposition des pores est également différente. On pourrait aussi rapprocher notre espèce du *Cidaris perlata* Sorignet; mais, outre les caractères génériques différents, la physionomie est tout autre, et il ne reste guère de commun que la taille et la largeur de la zone miliaire.

Localité. — Krenchela, dans les couches attribuées au turonien par M. Jullien.

Collections Jullien, Thomas.

(1) Au moment de mettre sous presse, M. Jullien nous a montré deux exemplaires parfaitement conservés; malheureusement ils sont venus trop tard pour être figurés.

(2) *Paléont. franç.*, Terrains crétacés, t. VII, pl. 351, pl. 1084.

Explication des Figures. — Pl. VII, fig. 3, *Rhabdocidaris subvenulosa*, de la coll. de M. Jullien, vu de côté; fig. 4, portion des aires ambulacraires grossie; fig. 5, autre fragment à zone miliaire plus large; fig. 6, portion des aires ambulacraires grossie.

Cyphosoma majus, Coquand, 1862.

Phymosoma major, Coquand, *Mém. de la Soc. d'émul. de la Prov.*, t. II, p. 256, pl. XXVII, fig. 16-18, 1862

Cyphosoma major, Cotteau, *Paléont. franç*, Terrains crétacés, t. VII, page 596, pl. 1143 et 1144, 1864.

— — Hardouin, *Bull. de la Soc. géol.*, t XXV, p. 340, 1868.

Cette espèce ayant été déjà longuement décrite par l'un de nous dans la *Paléontologie française*, nous reproduisons ici les principaux traits de cette description :

Espèce de taille dépassant quelquefois la moyenne, subcirculaire avec une tendance à devenir polygonale dans les individus dont les ambulacres sont renflés, déprimée en dessus et en dessous.

Zones porifères droites à la face supérieure, entourant à l'ambitus les tubercules d'un arc largement ouvert. Pores serrés, bigéminés sur toute la partie supérieure, puis simples à l'ambitus et à la face inférieure, où ils ne se multiplient qu'aux abords mêmes du péristome.

Aires ambulacraires parfois superficielles, parfois un peu renflées, resserrées à la partie supérieure par les zones porifères, qui sont très larges, s'élargissant ensuite régulièrement jusqu'à l'ambitus, où elles atteignent à peu près régulièrement le tiers des aires interambulacraires. Elles portent deux rangées de tubercules gros, saillants, serrés, scrobiculés, fortement mamelonnés, s'espaçant, diminuant de volume, et affectant une disposition alterne près du sommet, au nombre de quatorze ou quinze par série. L'intervalle qui sépare les deux rangées de tubercules est étroit et occupé par des granules inégaux, peu abondants, relégués çà et là entre les scrobicules, plus nombreux à la face supérieure, où les tubercules sont plus espacés. Plaquettes porifères inégales, irrégulières, prolongeant leurs sutures à la base des tubercules.

Aires interambulacraires de médiocre largeur; elles portent quatre rangées de tubercules à peu près identiques à ceux qui couvrent les ambulacres, comme eux crénelés et imperforés, un peu plus gros cependant, surtout à la face supérieure, où ils ne diminuent pas de volume, sauf les deux ou trois derniers. Les deux rangées du milieu, composées de douze à quatorze tubercules, persistent seules jusqu'au sommet; les deux rangées latérales s'atténuent un peu au-dessus de l'ambitus, et se réduisent à de petits tubercules qui se rapprochent des zones porifères et disparaissent avant d'arriver au sommet. Tubercules secondaires nuls. Zone miliaire étroite, nue, déprimée à la face supérieure, plus granuleuse vers l'ambitus. Granules intermédiaires assez abondants, très inégaux, quelquefois mamelonnés, un peu plus développés en se rapprochant des zones porifères, tendant à se grouper en cercles autour des scrobicules. Plaques coronales plus longues que hautes, très flexueuses vers l'ambitus.

Péristome subcirculaire, assez grand, s'ouvrant à fleur du test, quelquefois dans une très légère dépression, marqué d'entailles très prononcées et relevées sur les bords. Les lèvres ambulacraires sont un peu saillantes et plus larges que celles qui correspondent aux aires interambulacraires.

L'appareil apical n'a laissé que son empreinte, qui est assez étendue, moins cependant que le péristome, et de forme pentagonale.

Les nombreux exemplaires que nous avons pu étudier présentent quelques variétés : l'ambitus tend plus ou moins à prendre un aspect pentagonal; les rangées latérales de tubercules interambulacraires n'apparaissent qu'à un diamètre excédant seize millimètres. Ces exemplaires jeunes ont d'ailleurs la physionomie des adultes, et leurs tubercules, moins nombreux, sont proportionnellement aussi gros.

Rapports et différences. — Nous connaissons peu de types européens qu'on puisse rapprocher du *Cyph. majus*. Celui qui nous paraît s'en éloigner le moins est le *Cyph. Bourgeoisi* Cotteau. Cette dernière espèce, avec une forme à peu près semblable et des zones porifères également bigéminées à la partie supérieure, montre une zone miliaire plus large et plus nue aux approches du sommet; les tubercules des rangées latérales sont moins développés, moins égaux à ceux des rangées principales, les zones porifères plus fortement onduleuses à la partie inférieure et à l'ambitus. Le *Cyph. magnificum* est plus nu, et ses tubercules secondaires sont bien moins développés encore. Le *Cyph. Kœnigi* à taille égale est moins élevé, et la disposition de ses tubercules est toute différente.

Localité. — Tous les exemplaires mis à notre disposition par M. Coquand proviennent des environs de Tébessa et de Trik-Karetta, au sud-est du département de Constantine. Notre savant collègue les a attribués à son étage mornasien. C'est donc sur sa foi que nous citons cette espèce dans le turonien, n'ayant pas eu occasion de vérifier le gisement par nous-mêmes. M. Hardouin cite le *Cyph. majus* à Mesloula, également dans la province de Constantine.

Collections Coquand, Peron, Gauthier.

Cyphosoma Baylei, Cotteau, 1864.

Cyphosoma Baylei, Cotteau, *Pal. franç.*, Terrains crétacés, t. VII, p. 584, pl. 1138, fig. 8-13, et pl. 1139, fig. 1-6, 1864.

Espèce de taille moyenne, subcirculaire, plus ou moins haute, mais généralement renflée, à peine déprimée à la face supérieure, plate en dessous.

Appareil apical inconnu. L'empreinte est pentagonale, large et allongée, et la plaque génitale postérieure pénétrait assez profondément dans l'interambulacre.

Zones porifères à peu près droites, très légèrement onduleuses, surtout dans le voisinage des gros tubercules. Pores arrondis, disposés par simples paires à la face inférieure et à l'ambitus, offrant ordinairement à la face supérieure une tendance plus ou moins prononcée à se dédoubler, se multipliant un peu aux abords mêmes du péristome.

Aires ambulacraires assez larges à l'ambitus, rétrécies à la face supérieure, portant deux rangées de tubercules finement crénelés, imperforés, espacés et alternes aux approches du sommet, où ils sont beaucoup plus petits que sur le reste du test. On en compte onze à douze par série. Des granules assez abondants, inégaux, serpentent dans les intervalles et entourent les tubercules de cercles incomplets en dessus et en dessous.

Aires interambulacraires pourvues de deux rangées de tubercules à peu près identiques avec ceux qui couvrent les ambulacres, un peu plus gros cependant et plus largement scrobiculés à la face supérieure et à l'ambitus. On en compte dix ou onze par série. Les deux rangées s'écartent à mesure qu'elles montent vers le sommet, et aboutissent à l'extrémité des zones porifères. Tubercules secondaires très petits, inégaux, mamelonnés, mais paraissant, sauf de rares exceptions, dépourvus de crénelures. Ils forment sur le bord des aires interambulacraires une rangée assez irrégulière qui n'atteint pas complètement le sommet. Zone miliaire large, portant à l'ambitus et en dessous, au milieu des granules, quelques tubercules secondaires petits et épars. A la face supérieure, la zone, de plus en plus étendue, change d'aspect et reste complétement nue. Sur les bords de l'aire et autour des tubercules la granulation est abondante, mais inégale et disséminée sans ordre apparent.

Péristome s'ouvrant à fleur du test, médiocrement développé, n'excédant pas les deux cinquièmes du diamètre total, subdécagonal, marqué de dix entailles relevées sur les bords.

La disposition des pores varie dans cette espèce. Sur quelques exemplaires, ils sont franchement dédoublés dès le sommet; sur d'autres, ils ne le sont qu'un peu plus bas, vers le quatrième tubercule; sur d'autres enfin ils ne le sont pas du tout; mais dans ce dernier cas certaines paires sortent assez sensiblement de l'alignement régulier.

Rapports et différences. — Le *Cyph. Baylei* forme un type bien tranché, aussi facile à distinguer des espèces européennes que des espèces de l'Algérie. On peut lui comparer le *Cyph. Bargesi* Cotteau, qui appartient à un horizon inférieur, et qui présente à peu près la même forme, un peu plus déprimée. Ce dernier s'éloigne du type que nous venons de décrire par ses zones porifères formées de pores plus régulièrement bigéminés à la partie supérieure, par ses aires interambulacraires garnies de chaque côté de deux rangées de tubercules secondaires. Parmi les espèces algériennes, c'est du *Cyph. Delamarrei*, que nous décrirons plus tard, que le *C. Baylei* se rapproche le plus ; mais les deux espèces se distinguent facilement : les pores du *C. Delamarrei* ne sont jamais bigéminés ; l'appareil apical est irrégulièrement ovale et remarquablement plus petit, la surface paraît, entre les tubercules, bien moins lisse, plus grossière en quelque sorte. Il suffit d'avoir pu comparer deux exemplaires de ces types pour ne plus les confondre.

Localité. — Djebel Amran, à 22 kilomètres au sud de Bou-Saada ; Batna, Tébessa.

Etage turonien. Assez rare.

Collections Coquand, Peron, Gauthier, Cotteau, Ecole des mines.

Cyphosoma Coquandi, Cotteau, 1864.

Cyphosoma coquandi, Cotteau, *Paléonl. franç.*, Terr. crét., t. VII, p. 586. pl. 1139, fig. 7-12.

Espèce de taille moyenne, peu élevée, subpentagonale, fortement déprimée en dessous.

Appareil apical inconnu. L'empreinte qu'il a laissée est assez grande, pentagonale, et pénètre dans l'aire interambulacraire postérieure.

Zones porifères droites à la face supérieure ; elles s'écartent presque subitement à l'ambitus, à l'endroit où commencent les gros tubercules, et deviennent alors légèrement onduleuses. Les pores sont petits, arrondis, fortement bigéminés vers le sommet, simples au pourtour et à la partie inférieure, se multipliant un peu près du péristome. Aires ambulacraires étroites et resserrées à la partie supérieure, beaucoup plus larges à l'ambitus où elles atteignent les cinq neuvièmes des aires interambulacraires. Elles

sont garnies de deux rangées de tubercules finement crénelés, imperforés, diminuant plus ou moins subitement de volume au-dessus de l'ambitus, et affectant à la partie supérieure une disposition alterne. Ils sont au nombre de dix ou onze. L'espace qui sépare les tubercules est étroit et occupé par des granules peu abondants, inégaux, épars, qui forment au milieu des deux rangées une ligne subsinueuse, et se prolongent çà et là entre les scrobicules.

Aires interambulacraires munies de deux rangées de tubercules à peu près semblables à ceux qui recouvrent les ambulacres, mais diminuant beaucoup moins de volume à la partie supérieure. Il y en a de neuf à dix par série. Tubercules secondaires petits, inégaux, les plus saillants à peine crénelés, formant sur le bord des aires une rangée irrégulière qui s'efface peu à peu en approchant du sommet. Zone miliaire étroite à la partie inférieure, s'élargissant régulièrement à partir de l'ambitus et montrant plus haut un espace nu et déprimé légèrement. A l'ambitus les granules sont abondants, inégaux et forment des cercles autour des tubercules.

Péristome atteignant presque la moitié du diamètre total, à peu près à fleur du test, pourvu de dix entailles apparentes et relevées sur les bords.

Rapports et différences. — Le *Cyph. Coquandi* a les plus grands rapports avec le *Cyph. Baylei*. Les détails sont presque tous identiques, tels que le nombre et la disposition des tubercules ambulacraires et interambulacraires, la rareté et l'exiguité des tubercules secondaires, l'empreinte laissée par l'appareil apical. Les différences sont peu considerables, mais paraissent constantes. Dans le *Cyph. Coquandi*, les zones porifères sont formées de pores plus fortement bigéminés à la partie supérieure, bien que ce caractère ne soit pas toujours prononcé au même degré; les aires ambulacraires se rétrécissent plus rapidement au-dessus de l'ambitus, le péristome est relativement plus grand ; la forme est toujours plus basse, plus déprimée en dessus, tandis qu'elle dessine toujours une courbe plus arrondie dans le *Cyph. Baylei*, même pour les exemplaires peu élevés. Nous croyons devoir maintenir la séparation de ces deux espèces, malgré leur ressemblance apparente, qu'il est facile de constater sur la planche 1139 de la *Paléontologie*, où les deux types se trouvent réunis, et où l'on a représenté l'un des exemplaires les moins élevés du *Cyph. Baylei*. Nous ne voyons pas, du reste, d'autre *Cyphosoma* auquel on puisse comparer l'espèce qui nous occupe. Le *Cyph. Delamarrei* s'en distingue facilement par son aspect général, par ses zones porifères toujours composées de paires simplement superposées, par son appareil apical moins grand. Tous les autres types spécifiques présentent des divergences plus considérables.

LOCALITÉ. — Krenchela, Tébessa. Etage turonien. Rare. Nous sommes loin de pouvoir affirmer que cette espèce appartienne bien aux couches turoniennes ; mais nous manquons de renseignements précis, et nous croyons devoir suivre provisoirement les indications que d'autres ont données avant nous.

Collections Coquand, Peron, Jullien.

CYPHOSOMA SCHLUMBERGERI, Cotteau, 1864.

CYPHOSOMA SCHLUMBERGERI, Cotteau, *Paléont. franç.*, Terrains crétacés. t. VII, p. 591, pl. 1141, fig. 1-11.

Espèce de petite taille, subcirculaire, légèrement pentagonale, haute et renflée en dessus, presque plane en dessous.

Zones porifères droites, formées de pores simples, arrondis, petits, serrés, séparés par un renflement granuleux, ne paraissant pas se multiplier près du péristome. Aires ambulacraires étroites, garnies de deux rangées de tubercules finement crénelés, très peu développés, homogènes, augmentant à peine de volume vers l'ambitus, nombreux, serrés, à peine scrobiculés, placés sur le bord des zones porifères, au nombre de seize à dix-sept par série. Granules épars, inégaux, assez gros, tendant à se grouper autour des tubercules en cercles le plus souvent interrompus du côté des zones porifères.

Aires interambulacraires pourvues de deux rangées de tubercules presque identiques avec ceux qui couvrent les ambulacres, un peu plus gros cependant à la face supérieure et moins serrés, au nombre de quatorze à quinze par série. Tubercules secondaires nuls, remplacés dans la région inframarginale, sur le bord des zones porifères, par des granules mamelonnés, un peu plus gros que les autres, et formant une rangée très irrégulière. Zone miliaire large, partout granuleuse, si ce n'est au milieu, où elle présente un espace nu, étroit, plus ou moins déprimé qui disparaît vers l'ambitus. Granules très abondants, inégaux, le plus souvent mamelonnés, augmentant de volume au fur et à mesure qu'ils se rapprochent des zones porifères, disposés autour des tubercules en cercles réguliers et indépendants.

Péristome médiocrement développé, s'ouvrant à fleur du test, muni de petites entailles relevées sur les bords.

Appareil apical subpentagonal, étroit, à en juger par l'empreinte qu'il a laissée.

N'ayant plus entre les mains l'exemplaire qui a servi de type spécifique, nous avons reproduit la description que l'un de nous a donnée dans la *Paléontologie française*. Nous croyons devoir réunir à cette espèce des exemplaires recueillis dans la même localité, de diamètre plus considérable, de hauteur proportionnellement moindre. Ces individus présentent quelques différences dues probablement à l'âge : les tubercules, tout en restant peu développés, ne frappent plus par leur exiguité, les entailles péristomiques sont très accentuées, les gros granules, qui forment des rangées irrégulières sur le bord des aires interambulacraires, augmentent en même temps que la taille de l'oursin, et, sur un de nos exemplaires, ils forment de chaque côté une rangée bien nette, mais qui ne dépasse pas l'ambitus. Ce n'est pas sans hésitations que nous avons réuni ces individus plus grands au type du *Cyph. Schlumbergeri*. Les autres caractères restent les mêmes; la granulation est toujours abondante; la disposition relative des tubercules interambulacraires, leur nombre dans chaque série, sont identiques; dans les ambulacres, ils sont également très près des zones porifères, et celles-ci ne montrent que des pores disposés par paires simplement superposées. Tous ces traits communs nous ont engagés à ne voir ici que la grande taille du

Cyph. Schlumbergeri, dont la description première aurait été faite sur un individu un peu jeune.

Le rapprochement qui a été fait avec un oursin recueilli aux Martigues nous paraît moins certain aujourd'hui. Celui de nous qui les a réunis n'avait à sa disposition qu'un exemplaire, et constatait déjà que l'arrangement des granules était différent. Nous avons pu depuis recueillir deux nouveaux échantillons, toujours plus petits que ceux d'Algérie : d'abord l'horizon n'est pas le même, car les couches qui renferment cet oursin sur les bords de l'étang de Caronte sont santoniennes (Petit Peyroou) ; puis les tubercules nous paraissent plus petits, ceux des ambulacres sont plus près des zones porifères sur lesquelles ils semblent presque empiéter ; la zone interporifère est plus large et se rétrécit moins vite à la partie supérieure. Il se peut toutefois que l'espèce soit la même, car ces différences sont peu considérables. Nous avons voulu seulement exprimer nos doutes, pour ne rien affirmer dont nous ne soyons catégoriquement sûrs.

Localité. — Batna, collines du Moulin-à-Vent. Etage turonien. Rare.

Collections Schlumberger, Peron, Jullien.

Cyphosoma pistrinense, Peron et Gauthier, 1880.

Pl. VIII, fig. 1 4.

Diamètre, 31 mill. Hauteur, 14 mill.

Espèce de forme pentagonale, déprimée à la partie supérieure, à peu près plate en dessous.

Appareil apical inconnu : l'empreinte qu'il a laissée est grande, irrégulièrement pentagone, et la plaque génitale postérieure pénétrait fortement dans l'aire interambulacraire.

Aires ambulacraires renflées, saillantes, surtout au pourtour et à la face supérieure. Zones porifères droites, composées de pores petits et arrondis, disposés par simples paires directement superposées. Près du sommet, quelques-unes sortent légèrement de l'alignement, sans toutefois prendre complétement la disposition bigéminée. Partie interporifère ornée de deux rangées de tubercules petits, serrés, crénelés et imperforés, à peine entourés de scrobicules, n'augmentant que légèrement de volume à l'ambitus, au nombre de vingt-un ou vingt-deux par série. Ils sont placés assez près des zones porifères, et laissent entre eux un espace assez large, portant de nombreux granules irréguliers, dont quelques-uns plus gros et mamelonnés vers le milieu du test.

Aires interambulacraires fortement déprimées à la partie supérieure, occupant en largeur un espace presque triple de celui qu'occupent les aires ambulacraires. Elles portent deux rangées de tubercules placés à peu près au milieu des plaques, éloignés par conséquent des zones porifères, beaucoup plus gros que ceux de l'ambulacre, sauf à la face inférieure, où tous sont de même taille, plus distants entre eux, surtout près du sommet, au nombre de onze à douze par série. Il n'y a point de tubercules secondaires. Le large espace qui reste entre les rangées de tubercules et les bords de l'aire est occupé par une granulation très irrégulière ; quelques granules, plus gros que les autres, disséminés fort inégalement, parfois serrés, parfois espacés, mais sans aucune tendance à s'aligner en séries verticales, sont entourés comme d'un cercle de granules infiniment plus petits. Ces gros granules ne sont d'ailleurs pas plus volumineux que ceux qui forment des cercles autour des tubercules. Zone miliaire large, portant également des granules très inégaux. A la face supérieure, toute la partie déprimée de la zone est nue.

Péristome à fleur du test, de dimensions médiocres, assez fortement entaillé, d'ailleurs peu visible dans l'exemplaire que nous décrivons.

Rapports et différences. — Le *Cyphosoma pistrinense* rappelle par certains détails le *Cyph. Schlumbergeri* : ainsi la disposition des tubercules dans les aires ambulacraires, l'absence de tubercules secondaires dans l'interambulacre, la petitesse des tubercules principaux, semblent rapprocher les deux espèces ; mais elles se distinguent par des caractères importants. Dans l'espèce que nous décrivons (et nous la comparons ici aux grands exemplaires algériens du *Cyph. Schlumbergeri* dont nous avons parlé, car rapprochée des exemplaires des Martigues, il n'y a plus aucune analogie), la forme est plus déprimée, beaucoup plus pentagonale ; la saillie des aires ambulacraires donne à l'oursin une physionomie toute différente ; l'appareil apical est plus grand et pénètre plus profondément dans l'aire interambulacraire postérieure ; les tubercules ambulacraires sont plus nombreux, bien plus disproportionnés avec ceux des interambulacres qui, de leur côté, sont moins nombreux que dans le *Cyph. Schlumbergeri.* La zone miliaire est plus large et plus nue à la face supérieure. Nous avons donc cru devoir séparer ces deux espèces, malgré une ressemblance apparente, car elles offrent plus de caractères différentiels que de véritables analogies. On pourrait aussi comparer le *Cyph. pistrinense* à notre *Cyph. regale,* qui sera décrit plus bas. Sauf la différence de taille, la forme est à peu près la même ; les pores sont également disposés par simple paires ; mais les rangées multiples que forment les tubercules dans le dernier ne permettent pas de considérer le type que nous décrivons comme un exemplaire moins âgé.

LOCALITÉ. — Batna, collines du Moulin à Vent. Etage turonien. Très rare.

Collection Peron.

EXPLICATION DES FIGURES. — Pl. VIII, fig. 1, *Cyphosoma Pistrinense,* de la coll. de M. Peron, vu de côté ; fig. 2, face sup. ; fig. 3, face inf. ; fig. 4, plaque interambulacraire grossie.

CYPHOSOMA REGALE, Peron et Gauthier, 1880.

Pl. VII, fig. 9-12

Diamètre, 45 mill   Hauteur, 22 mill   Diamet. du périst., 17 mill.

Espèce de grande taille, assez élevée, subpentagonale par suite du renflement des aires ambulacraires, déprimée à la partie supérieure, à peu près plate en dessous.

L'appareil apical n'a laissé que son empreinte : il était grand et fortement pentagonal, pénétrant dans chaque aire interambulacraire par une pointe bien prononcée.

Aires ambulacraires saillantes, de moyenne largeur à l'ambitus, aux moins égales aux aires interambulacraires dans le pourtour du péristome. Zones porifères onduleuses, formant des arcs assez largement ouverts autour des tubercules. Les pores sont disposés par simples paires sur toute la face supérieure, et ne se multiplient pas autour du péristome, où ils dévient cependant de l'alignement ordinaire. Ils sont petits, ronds, séparés par un renflement granuliforme, et chaque tubercule correspond ordinairement à quatre paires de pores. Tubercules ambulacraires assez développés, crénelés, imperforés, n'augmentant pas considérablement de volume à l'ambitus. Ils forment deux rangées régulières, portant chacune seize ou dix sept tubercules. Entre les deux rangées se trouvent des granules dessinant une simple ligne onduleuse en dessus et en dessous ; mais à l'ambitus il se multiplient, et quelques-uns, plus gros que les autres, sont mamelonnés, sans cependant s'aligner régulièrement.

Aires interambulacraires déprimées à la partie supérieure, élargies à l'ambitus. Elles portent deux rangées de tubercules principaux, semblables à ceux de l'ambulacre, sauf qu'ils diminuent à peine de volume près du sommet. Ils sont au nombre de quatorze à quinze par série. Les deux rangées se touchent près du péristome, mais elles vont s'écartant jusqu'au sommet où elles aboutissent sur le bord même des zones porifères. En dehors de ces deux rangées principales, se trouve de chaque côté une rangée de tubercules secondaires, presque aussi gros que les tubercules principaux, et qui ne montent pas jusqu'au sommet. A l'ambitus on distingue même une troisième rangée, formée de tubercules plus petits et s'élevant moins haut que les autres ; ce qui porte à six le nombre des rangées de tubercules. Zone miliaire large et nue à la face supérieure ; à partir de l'ambitus et au-dessous elle est couverte d'une granulation assez serrée, au milieu de laquelle quelques granules, plus gros et mamelonnés, ont une tendance à s'aligner en deux rangées presque régulières. D'autres granules très fins forment des cercles presque complets autour des tubercules principaux, et dessinent sur tout le test des lignes onduleuses et horizontales.

Péristome assez grand, à fleur du test; il est marqué de dix fortes entailles, et les lèvres interambulacraires paraissent plus aiguës que les autres.

Rapports et différences. — Nous ne possédons qu'un exemplaire de cette magnifique espèce, mais il est admirablement conservé, et nous n'avons pas hésité à le désigner sous un nom spécifique nouveau. Le *Cyphosoma regale* se rapproche par sa taille du *Cyph. majus*, qu'on trouve à peu près au même horizon ; mais il s'en distingue facilement par son appareil apical plus grand, par ses rangées de tubercules plus nombreuses à l'ambitus, et surtout par ses zones porifères toujours composées de pores simples, tandis qu'ils sont bigéminés dans l'autre espèce. Comparé avec les espèces européennes, le *Cyph. regale* a quelques analogies avec le *Cyph. Kœnigi* Agassiz ; mais les différences sont plus sensibles encore; notre espèce a les tubercules moins gros, moins serrés, plus nombreux, et d'ailleurs la disposition des pores, bigéminés dans le *Cyph. Kœnigi*, toujours simples dans le type algérien, suffit pour les séparer complétement.

Localité. — Krenchela. L'exemplaire que nous venons de décrire et qui nous a été communiqué par M. Thomas, a été recueilli par M. le capitaine Oudri, dans des couches attribuées au turonien. Toutefois, nous n'affirmons rien au sujet de l'étage, n'ayant pas eu l'occasion de nous en assurer par nous-mêmes.

Collection Thomas.

Explication des Figures. — Pl. VIII, fig. 9, *Cyph. regale*, de la coll. de M. Thomas, vu de côté; fig. 10, face sup.; fig. 11, face inf.; fig. 12, plaque interambulacraire grossie.

Cyphosoma Thevestense, Peron et Gauthier, 1880.

Pl. VIII, fig 5 8.

Diam., 32 mill. Haut., 16 mill. Diam. du peristome, 14 mill.

Espèce de taille moyenne, subcirculaire, renflée au pourtour, dont la hauteur atteint la moitié du diamètre, plutôt plate que renflée en dessous, déprimée à la partie supérieure.

L'appareil apical n'a laissé que son empreinte ; il était à peu près rond et médiocrement étendu.

Aires ambulacraires presque aussi larges que les aires interambulacraires. Zones porifères onduleuses, surtout à l'ambitus. Les pores sont petits, arrondis, bigéminés près du sommet ; un peu plus bas ils ne forment plus qu'une rangée étroite qui s'infléchit en arc autour de chaque tubercule, et se poursuit ainsi jusqu'au péristome, près duquel les paires ne se multiplient pas. La zone interporifère porte deux rangées de gros tubercules à peine crénelés, imperforés, diminuant de volume en dessus et en dessous, sans cesser toutefois d'être bien prononcés. Ils sont au nombre de huit ou neuf par série. Les sutures des plaquettes porifères se prolongent jusque sur la base des gros tubercules, et leur donnent un aspect rayonné très accentué. Les granules intermédiaires forment une ceinture à peu près complète autour des scrobicules.

Aires interambulacraires relativement étroites, excédant à peine d'un quart la largeur des aires ambulacraires. Elles portent deux rangées de tubercules semblables à ceux des zones interporifères, comme eux très faiblement crénelés (1) et imperforés, fortement mamelonnés, au nombre de huit par rangée. Près du péristome quelques gros granules s'alignent sur le bord des aires, et forment comme un rudiment de rangées secondaires, qui n'atteignent même pas l'ambitus. Zone miliaire réduite aux deux rangées de granules qui entourent les tubercules, ne s'élargissant même que très peu à la partie supérieure.

Péristome assez grand, à fleur du test, marqué d'entailles bien dessinées ; les lèvres ambulacraires sont sensiblement plus étroites que les interambulacraires.

Rapports et différences. — Le *Cyphosoma Thevestense* forme un type tout particulier et facile à distinguer de ses congénères. La grosseur des tubercules, leur nombre réduit, leur uniformité sur

(1) Les crenelures des tubercules sont très délicates, et s'effacent à la moindre usure du test, ce qui donne aussitôt à l'oursin l'aspect des *Leiosoma*, peut être même la découverte de nouveaux exemplaires engagera-t-elle à ranger l'espèce dans ce dernier genre ?

les aires ambulacraires et interambulacraires, la largeur presque égale des aires, l'absence de tubercules secondaires, l'étroitesse de la zone miliaire, le dédoublement des pores près du sommet, tandis que le reste de la zone porifère n'offre à l'ambitus et en dessous qu'une ligne onduleuse et étroite, sont autant de caractères qui ne permettent pas de confondre notre espèce avec aucune autre. Elle n'a guère d'analogie parmi les types européens qu'avec le *Cyph. costulatum* Cotteau ; mais ce dernier sera toujours reconnaissable à ses tubercules ambulacraires et interambulacraires plus nombreux dans chaque série, à sa zone miliaire plus large et plus dénudée, surtout à la partie supérieure, à ses aires ambulacraires plus étroites relativement aux aires interambulacraires, à son péristome de plus faible diamètre, à son appareil apical plus étendu. En comparant les deux types, les quelques caractères communs qu'ils peuvent avoir frappent certainement moins que les divergences.

LOCALITÉ. — Tébessa, département de Constantine Deux mauvais exemplaires, recueillis à Krenchela par M. Jullien, nous paraissent pouvoir être aussi rapportés au *Cyph. Thevestense*. Etage turonien, du moins d'après l'indication donnée par le regretté docteur Sollier, qui avait recueilli le type que nous avons décrit. — Rare.

Collections Gauthier, Jullien.

EXPLICATION DES FIGURES. — Pl. VIII. fig. 5, *Cyphosoma Thevestense*, de la coll. de M. Gauthier, vu de côté ; fig. 6, face sup. ; fig. 7, face inf. ; fig. 8, plaque interambulacraire grossie.

CYPHOSOMA AMBIGUUM, Peron et Gauthier, 1880.

Pl VII, fig. 7-9

Diametre, 21 mill. Hauteur, 13 mill.

Nous décrivons sous ce nom un exemplaire incomplet, car il est, sur plusieurs points, empâté dans la gangue, mais qui nous a paru présenter quelques caractères intéressants.

Espèce de taille médiocre, de forme subcirculaire, assez haute, arrondie en dessus, presque plate en dessous, sauf peut-être une légère dépression autour du péristome.

Zones porifères non onduleuses, assez rapprochées à la partie supérieure, s'écartant beaucoup plus à l'ambitus; elles sont composées de pores arrondis, largement ouverts, obliques réciproquement, disposés par paires simples à l'ambitus et en dessous, bigéminés à la partie supérieure.

Aires ambulacraires étroites près du sommet, s'élargissant presque subitement un peu plus bas. Elles portent deux rangées de tubercules scrobiculés, assez développés, crénelés, imperforés, affectant une disposition alterne. A moitié de la hauteur, l'aire se rétrécit, le volume des tubercules diminue tout-à-coup; les plus élevés paraissent même assez irrégulièrement disposés. Le nombre total est de onze à douze par série.

Aires interambulacraires portant deux rangées de tubercules semblables à la face inférieure et au pourtour à ceux des ambulacres, mais ne diminuant pas rapidement de volume à la face supérieure. Ils sont au nombre de neuf à dix, et placés assez loin du bord. Quelques petits tubercules non mamelonnés forment extérieurement, au-dessous de l'ambitus, comme un rudiment de rangées secondaires. Zone miliaire assez large partout, surtout près du sommet; elle est couverte d'une granulation assez fine, avec quelques granules plus grands aux angles des plaques coronales.

Nous ne pouvons distinguer nettement ni l'appareil apical ni le péristome.

Rapports et différences. — Tout imparfait qu'est l'exemplaire unique que nous décrivons, il nous a paru tenir le milieu entre le *Cyphos. Arnaudi* et le *Cyph. rarituberculatum* Cotteau (1). La forme et les proportions sont celles du *Cyph. rarituberculatum;* le nombre des tubercules est le même; notre espèce en diffère par le rétrécissement des aires ambulacraires à la partie supérieure, et surtout par ses pores bigéminés. Ces deux derniers caractères la rapprochent du *Cyph. Arnaudi*, mais les zones

(1) *Paléont. franç.*, Terr. crét., t. VII, pl. 1161.

porifères ne sont pas onduleuses à l'ambitus, les tubercules sont moins serrés, et dans les aires interambulacraires ils ne diminuent pas aussi rapidement de volume à la partie supérieure. On ne peut absolument réunir le type présent ni à l'une ni à l'autre de ces espèces; mais peut-être le considèrera-t-on un jour comme un trait d'union entre elles; d'autant plus que toutes trois ne sont jusqu'à présent connues que par un petit nombre d'exemplaires.

Localité. — Tébessa.

Etage turonien (ligérien de M. Coquand).

Collection Coquand.

Explication des Figures. — Pl. VII, fig. 7, *Cyphosoma ambiguum*, de la coll. de M. Coquand, vu de côté; fig. 8, portion des aires ambulacraires grossie; fig. 9, plaque interambulacraire grossie.

Cyphosoma radiatum, Sorignet.

L'un de nous a recueilli, aux environs d'Aumale, dans des couches qui renfermaient le *Radiolites cornupastoris*, un *Cyphosoma* en assez mauvais état qui a été à ce moment envoyé en communication à M. Cotteau et dans lequel M. Cotteau a pu reconnaître le *C. radiatum* Sor., de la craie turonienne et de la craie blanche de France. Cet échantillon malheureusement n'a pu être retrouvé, et nous ne pouvons que le mentionner ici sans plus de détails.

Cette espèce est à ajouter à celles, déjà nombreuses, que le terrain crétacé d'Aumale nous a présentées identiques avec des espèces connues en France. Sous ce rapport, les terrains crétacés du Tell sont bien différents de ceux des hauts plateaux, qui présentent si peu d'analogies avec nos terrains français.

Résumé sur les Cyphosoma.

Le genre Cyphosoma compte neuf espèces dans l'étage turonien de l'Algérie. Ce sont : *Cyph. majus, Baylei, Coquandi, Schlumbergeri, pistrinense, regale, Thevestense, ambiguum, radiatum.*

Les quatre premiers et le dernier étaient connus avant notre ouvrage; les quatre autres sont décrits pour la première fois.

Presque tous ont été recueillis dans le département de Constantine et dans la région des hauts plateaux ; un seul, le *Cyph. Baylei*, se trouve également dans le département d'Alger, au sud de Bou-Saada ; le dernier est spécial à ce département, mais il est abondant en France dans l'étage turonien et dans la craie supérieure. Le *Cyph. Schlumbergeri*, par une assimilation douteuse, a été signalé aux Martigues (Bouches-du-Rhône) (1).

Goniopygus conicus? Peron et Gauthier, 1879.

L'un de nous a recueilli sur les bords du lac Baïra un *Goniopygus*, de conservation plus que médiocre, qui nous paraît se rapporter au *G. conicus*, que nous avons décrit précédemment. La forme est la même, large et peu élevée; la partie supérieure, rétrécie en forme de petit cone, est un peu moins prononcée; l'appareil apical avec le périprocte triangulaire ne paraît pas différer, les aires ambulacraires présentent les mêmes détails. Pour les tubercules interambulacraires, les deux derniers seulement, au lieu de trois, diminuent subitement à la face supérieure. Notre exemplaire est trop mal conservé pour que nous puissions étudier sûrement les autres détails, et nous ne le rapprochons du *G. conicus* qu'avec doute.

Nous ne sommes pas plus sûrs du terrain auquel nous l'attribuons. La couche où il a été recueilli est certainement supérieure à celle qui renferme l'*Heterodiadema Libycum;* mais les fossiles qui accompagnaient ce *Goniopygus* ne nous apprennent rien de certain, et l'on ne peut voir les couches supérieures en cet endroit. Nous supposons que cet horizon appartient à l'étage turonien.

Collection Peron.

(1) M. Durand a recueilli en outre dans les rochers de Tizigrarine, près de Laghouat, des débris de *Cyphosoma* trop imparfaits pour que nous puissions savoir s'ils appartiennent à l'une des espèces citées, ou s'ils forment un type nouveau.

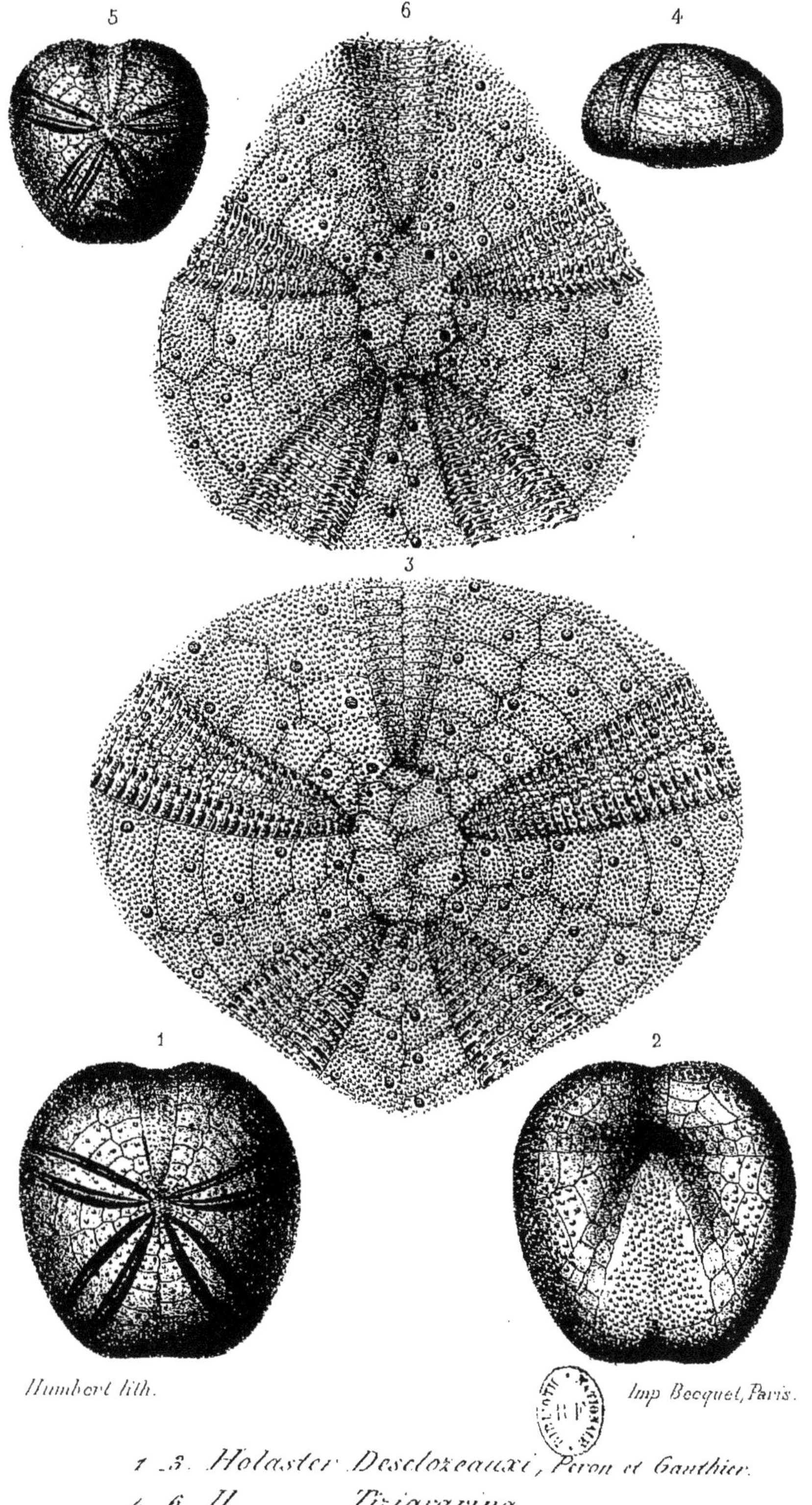

Humbert lith. Imp. Becquet, Paris.

1-3. Holaster Desclozeauxi, Peron et Gauthier.

4-6. H. —— Tizigrarina, —— ——

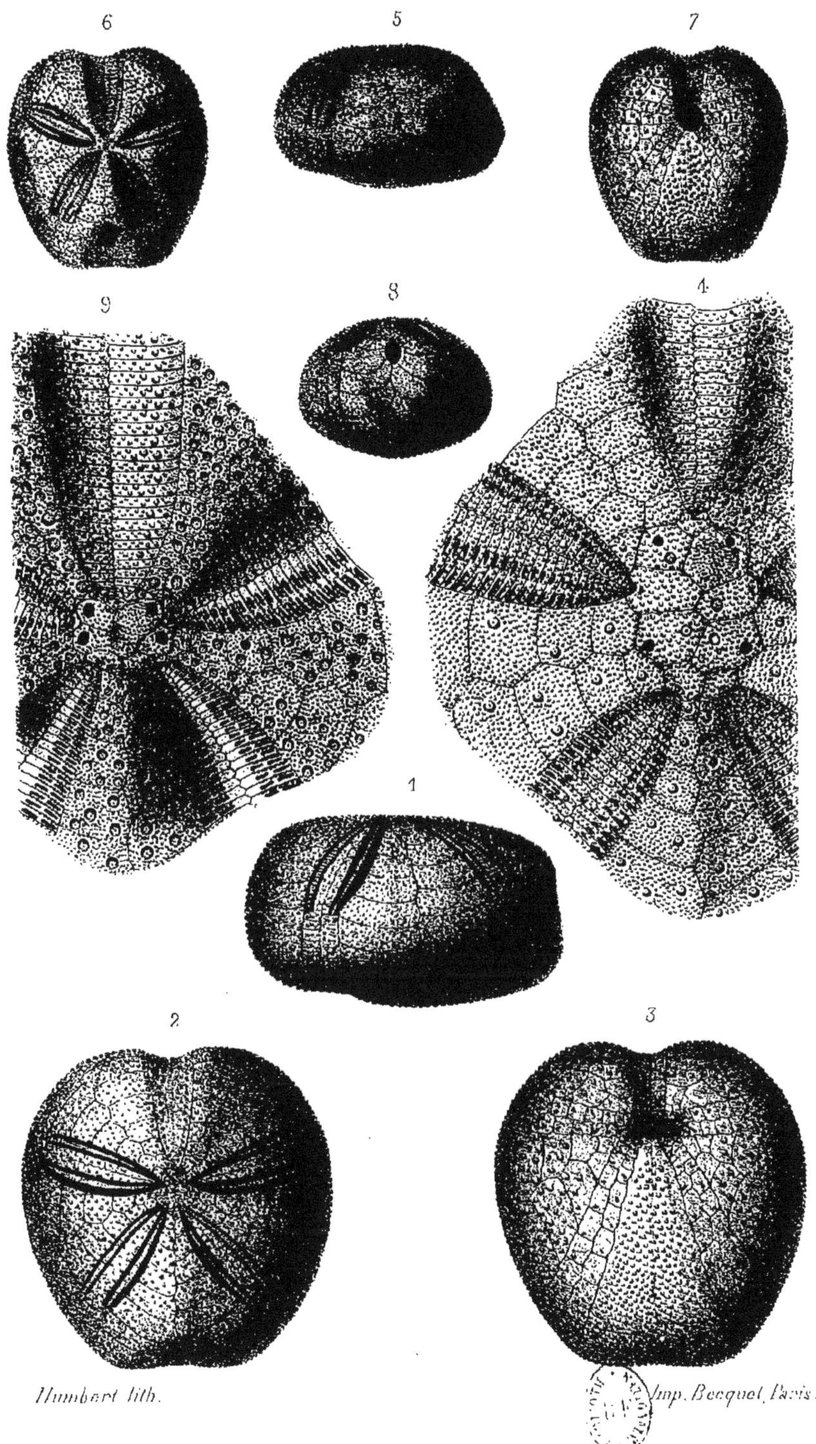

Humbert lith. *Imp. Becquet, Paris.*

1–4. *Holaster Batnensis*, *Peron et Gauthier.*

5–9. *Hemiaster oblique-truncatus*, ———

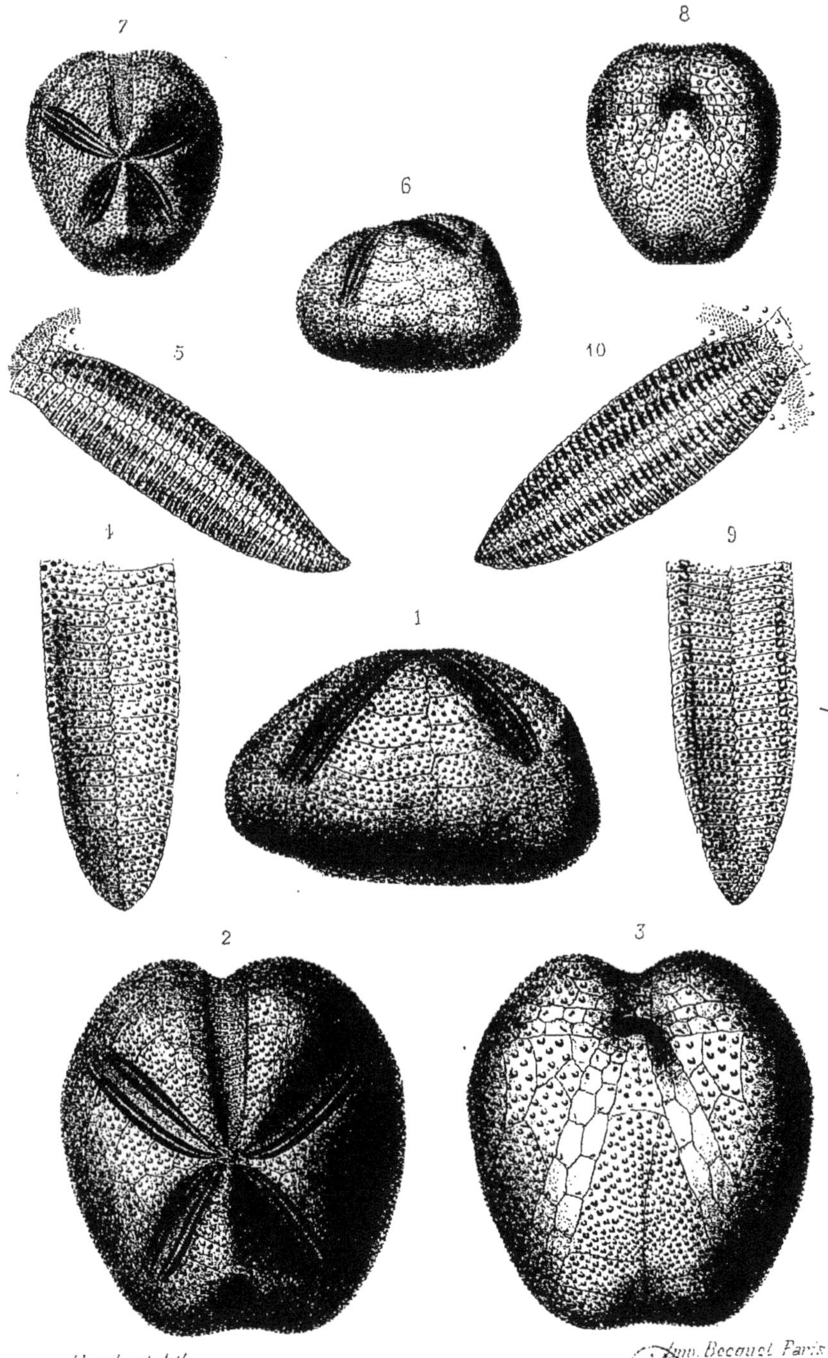

Humbert lith. Imp. Becquet Paris.

1-5. *Hemiaster Auressensis*, Peron et Gauthier.

6-10. *H.* .... *consobrinus*, — ....

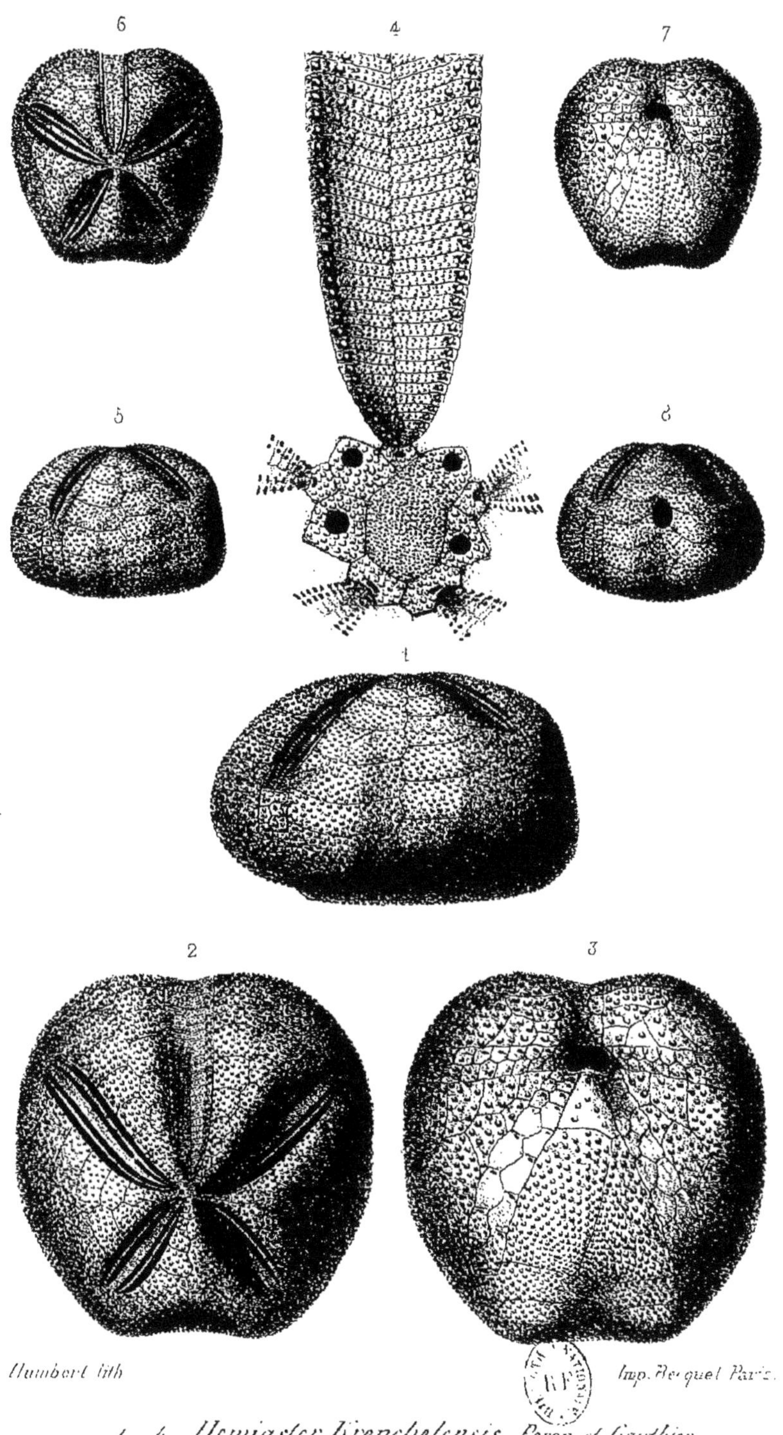

Humbert lith. Imp. Becquet Paris.

1 - 4. *Hemiaster Krenchelensis*, Peron et Gauthier.

5 - 8. *H. — semicavatus*, —

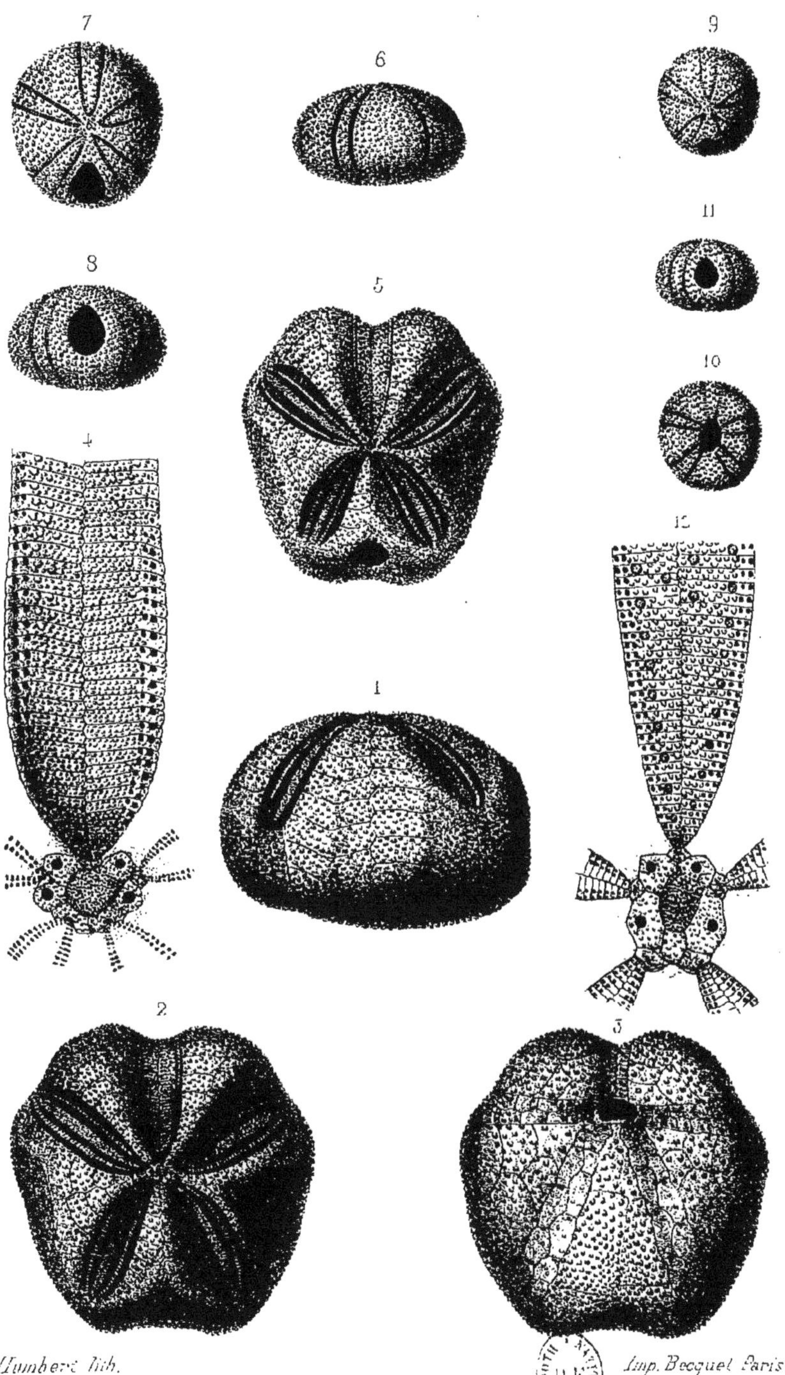

Humbert lith. Imp. Becquet Paris.

1 5. *Hemiaster latigrunda, Peron et Gauthier.*
6 12. *Pyrina Durandi.* ——— ———

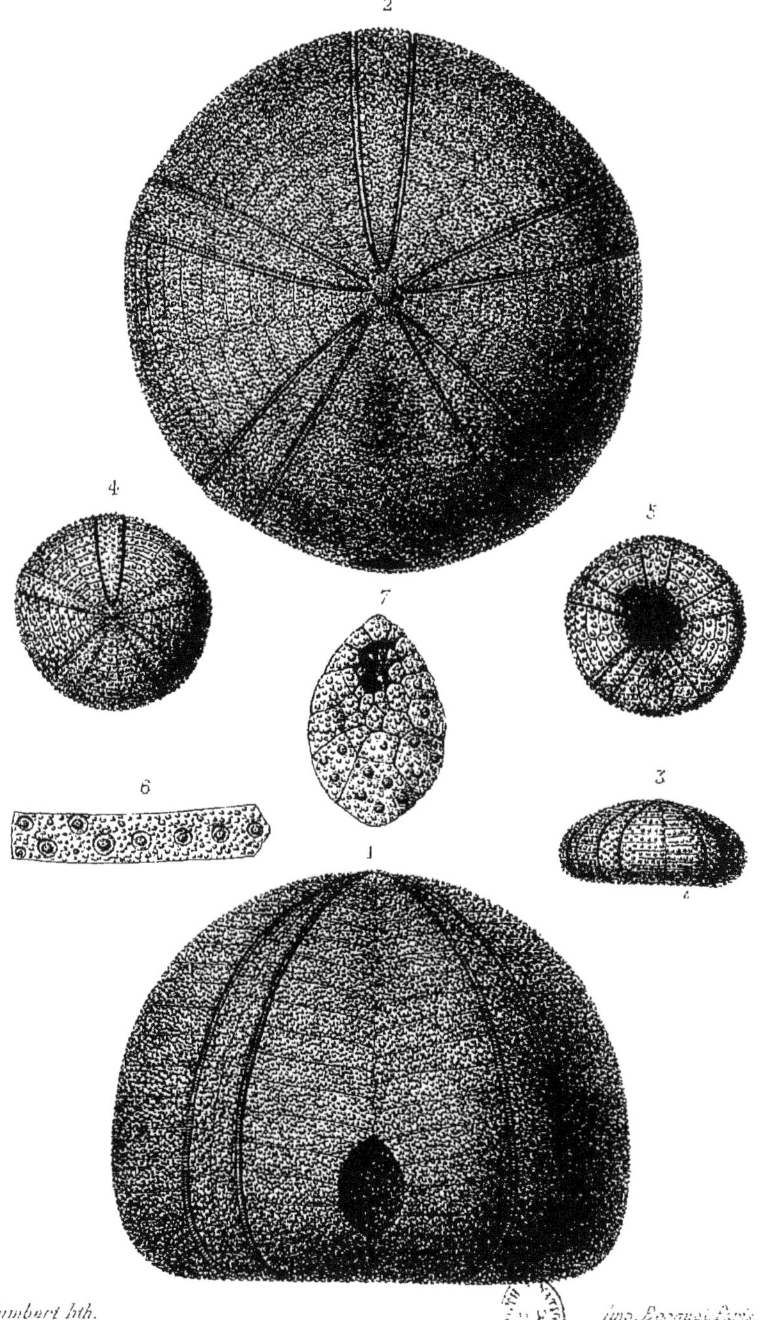

Humbert lith. Imp. Becquet Paris.

1. 2. *Echinoconus carcharias, Coquand.*

3 .. 7. *Holectypus Jullieni, Peron et Gauthier.*

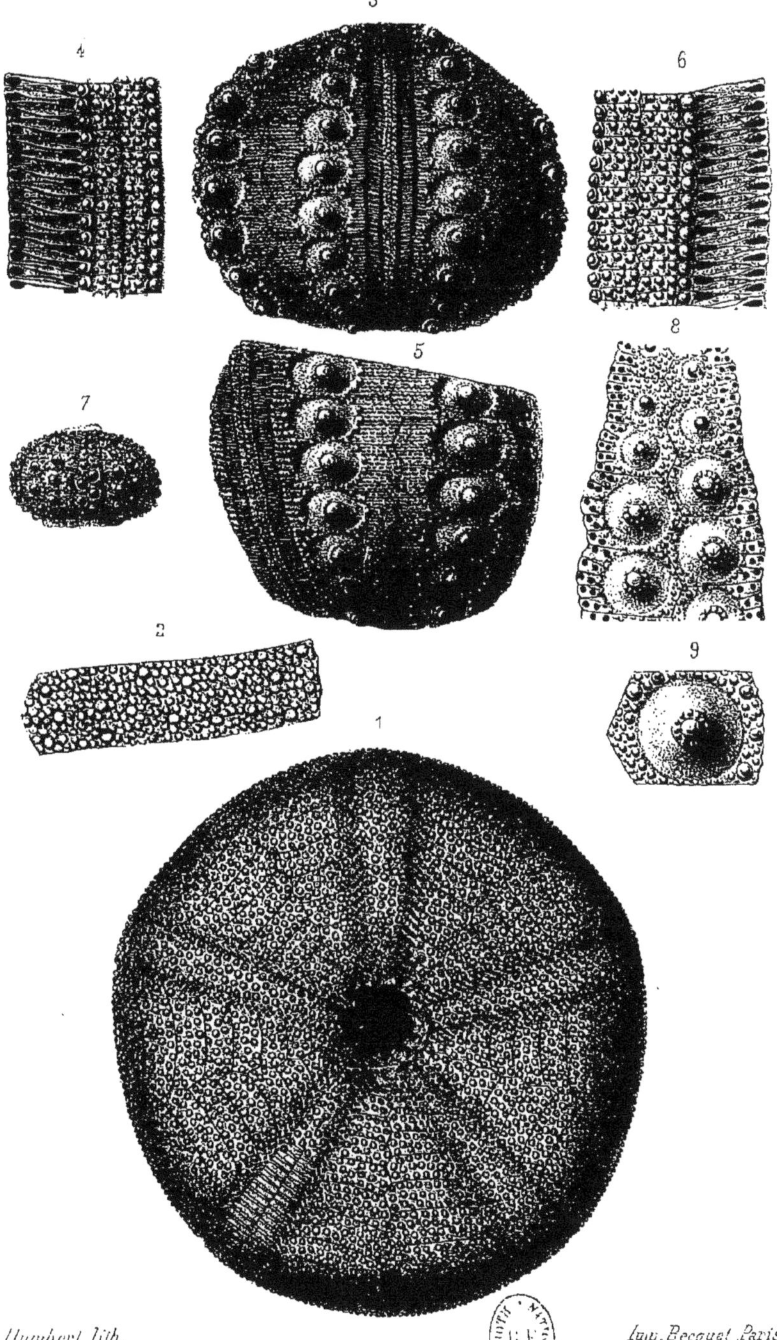

Humbert lith. Imp. Becquet Paris.

1 _ 2. *Echinoconus carcharias*, Coquand.

3 _ 6. *Rhabdocidaris subvenulosa*, Peron et Gauthier.

7 _ 9. *Cyphosoma ambiguum*, ——— ——

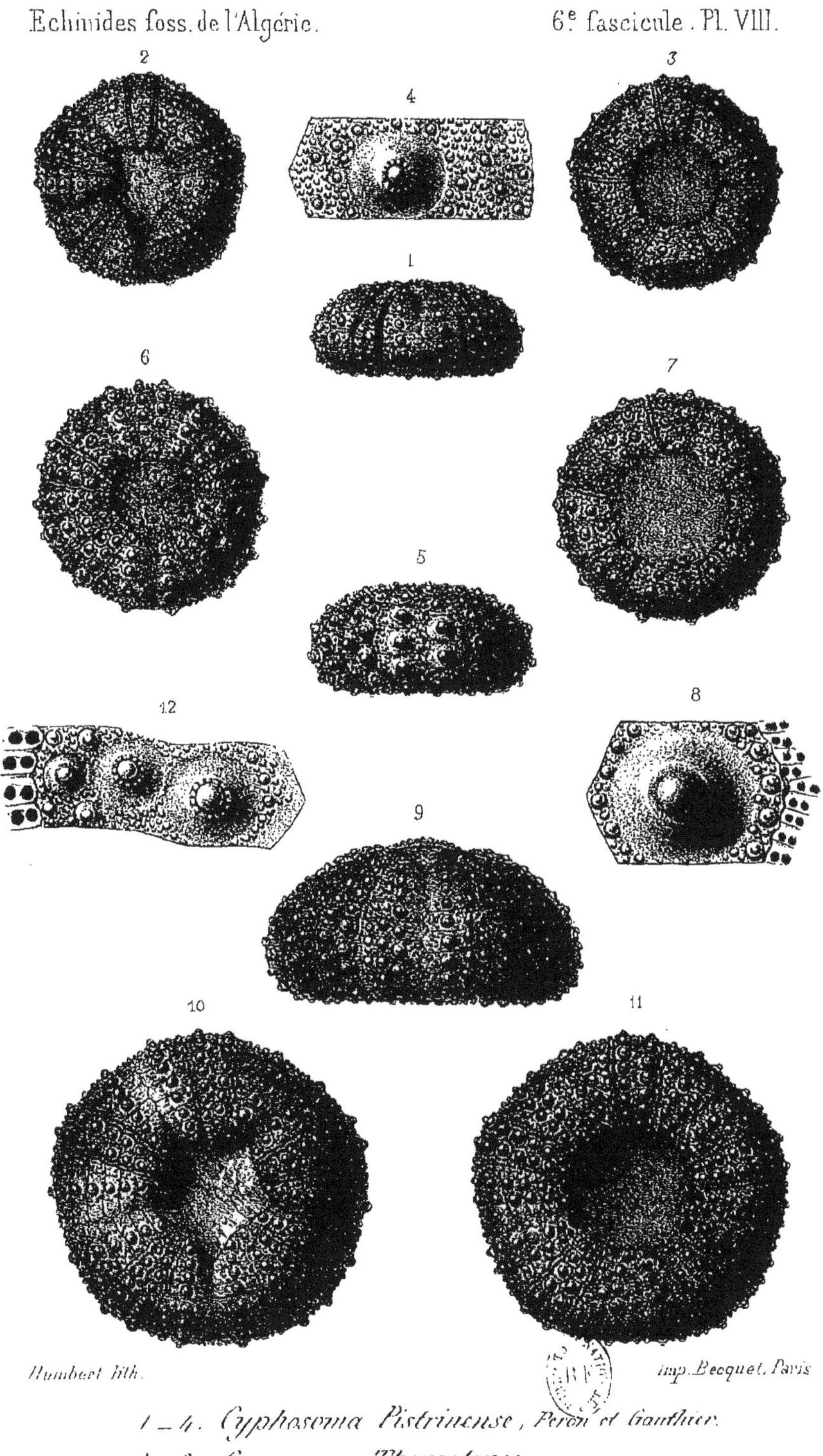

Humbert lith. Imp. Becquet, Paris

1 – 4. *Cyphosoma Pistrinense*, Peron et Gauthier.
5 – 8. C. — *Thevestense*, — — —
9 – 12. C. — *regale*, — — —

www.ingramcontent.com/pod-product-compliance
Ingram Content Group UK Ltd.
Pitfield, Milton Keynes, MK11 3LW, UK
UKHW012044240726
13965UKWH00003B/1027